太有意思了！

生活中的物理

1 力学篇

高盈恺◎编著

航空工业出版社
北京

内容提要

《太有意思了！生活中的物理》是一套专门为小学生编写的趣味物理科普读物。将物理学知识融入到日常生活中，用通俗易懂的语言解析物理原理并做知识延伸，配有大量充满童趣的漫画，带领孩子们走进多彩的物理世界，收获无穷的启迪。

图书在版编目（CIP）数据

太有意思了！生活中的物理．力学篇 / 高盈恺编著．-- 北京：航空工业出版社，2023.8

ISBN 978-7-5165-3399-4

Ⅰ．①太… Ⅱ．①高… Ⅲ．①物理学－青少年读物②力学－青少年读物 Ⅳ．① O4-49 ② O3-49

中国国家版本馆 CIP 数据核字 (2023) 第 117508 号

太有意思了！生活中的物理・力学篇

Tai youyisi le!Shenghuozhong de Wuli.Lixue Pian

航空工业出版社出版发行

（北京市朝阳区京顺路 5 号曙光大厦 C 座四层　100028）

发行部电话：010-85672688　010-85672689

三河市越阳印务有限公司印刷　　全国各地新华书店经售

2023 年 8 月第 1 版　　2023 年 8 月第 1 次印刷

开本：787×1092　1/16　　字数：42 千字

印张：3.5　　定价：150.00 元（全 6 册）

Preface

前言

我们生活的世界，每天在使用的科技背后都藏着物理的影子，一旦我们掌握了物理知识，就可以理解各种各样奇妙的科学现象：为什么刹车时人会向前倾斜？为什么冬天轮胎上要装防滑链？为什么塑料挂钩能牢牢地吸附在墙上？……学习过力学方面的知识后，这些问题的答案就显而易见了。

遗憾的是，在标准的物理课程或物理教科书中，孩子们接触这类日常生活实例的机会很少，而且学习物理的方式往往是抽象的、无趣的，和真实的生活基本脱节，不利于培养孩子们的学习兴趣。因此，我们编写了这本妙趣横生的力学启蒙书，旨在用贴近生活的讲解唤起青少年探索身边世界的热情。

力与运动、重力、弹力、摩擦力及形形色色的力，以及压力和压强、机械与机械能等最为关键的力学知识都被转化为一个又一个奇妙的现象和有趣的故事，配合浅显易懂的阐释、生动精美的漫画，让孩子在不知不觉中掌握物理概念、重要实验和一些基本定律，并学会用科学的眼光看待生活中的事物，为日后系统学习物理奠定良好的基础。

Contents

目录

01

运动中的神奇“推手”

02

去“力”的世界探险

03

扛不住的“压力”

04

看“机械能”施展魔法

Part 1

第一部分

运动中的神奇“推手”

1. 踢完球为什么会脚疼

周末的校园，分外空旷和寂静，四年级（1）班的小罗和好朋友小金在学校的操场中央认真地练习踢足球。他们都是学校足球队的前锋，下周就要去参加市里的足球赛，现在恨不能把一分钟掰成两分钟用。此刻，他们在操场上挥汗如雨，带着足球在草皮上来回奔跑，一会儿互相传球，一会儿飞起一脚把球踢向球门，每一脚球都踢得一丝不苟，威力十足。

当天色微微擦黑时，他们才停止练习，走到操场边休息。这一休息，小罗才感觉自己的脚有些热辣辣的疼，脱下鞋一看，发现脚都有些红肿了。一旁的小金也好不到哪儿去，正在轻轻地揉着脚踝。小罗有些奇怪地说："每次比赛前练球时，脚总要疼一疼肿一肿，但明明是我在踢球，怎么好像球也在踢我？"

知识点

相互作用力

力的作用是相互的，一个物体对另一个物体施力时，另一个物体也同时对它施加力的作用，这一对力就是相互作用力。踢球时脚疼就是**相互作用力**在捣鬼。

相互作用力是一对名为作用力和反作用力的孪生兄弟。踢球时，脚对球产生了作用力，而球对脚产生了反作用力，这两个力大小相等，方向相反，而且同时产生，同时消失。

延伸思考

相互作用力无处不在，只要一个物体对另一个物体施加了力，那受力物体肯定反过来对施力物体也产生一个力。书本放在桌子上，桌子对书本产生支持力，书本对桌面产生压力；吊灯吊在天花板上，天花板对吊灯产生向上的拉力，吊灯对天花板产生向下的拉力……

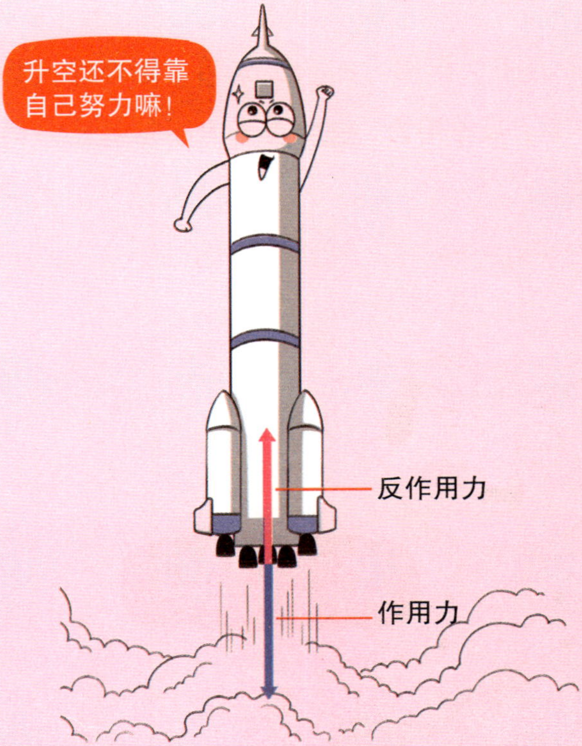

人们的生活与相互作用力息息相关，比如行走时，脚对地面产生一个向后蹬的力，地面同时对脚产生向前的推力，这两个力使人得以行走、奔跑；游泳时，手、脚对水产生向后的推力，水对人产生向前的反作用力，推动人向前；磕鸡蛋时，鸡蛋磕在碗沿，对碗沿产生一个力，而碗沿产生的反作用力能够打破鸡蛋……这些现象都是相互作用力在生活中的体现。

发现了相互作用力的秘密后，科学家们也在有意识地利用相互作用力，使它发挥更大的价值。但是，想要得到多大的反作用力，就需要我们付出同样大小的作用力，由此可见，天下没有免费的午餐呀！

2. 突如其来的刹车

放学了，六年级的冬冬和往常一样坐公交车回家。公交车上的人真不少，冬冬上车时，已经没有座位了，他只好拉着扶手环站在车厢里。

车子一直稳稳地开着，冬冬脑瓜子里开始想着作业还有多少没写，奶奶有没有做好吃的，晚上要和哥哥去打篮球……不知不觉就出了神。突然，公交车一个急刹车，毫无防备的冬冬猛地向前栽去，脑袋撞到了前面的叔叔身上。

冬冬一边说着“对不起”，一边来了兴趣，他发现公交车起步时，车里的人身体都往后仰，公交车刹车时，车里的人身体都往前倾，好像是一阵风吹过草坪，把小草整整齐齐地吹向一边，可有意思了！

可是，这个把一车厢人“吹”得东倒西歪的风究竟是什么呢？

知识点

好玩的惯性

公交车刹车时，人向前倾，起步时，人向后仰，这种现象的出现，都是由于**惯性**的存在。要知道惯性，我们首先要了解一下牛顿第一定律。

牛顿第一定律告诉我们，一切物体在没有受到力的作用时，总是保持静止状态或匀速直线运动状态。而**惯性正是物体保持静止或匀速直线运动状态的性质**。

汽车在行驶时可以认为是匀速直线运动的状态。刹车时，由于人的脚与汽车之间存在静摩擦力，所以会随车一起停止，而身体上部仍要保持向前匀速直线运动的状态，所以人的身体就向前倾了。同样，起步时，人的脚和汽车一起向前，但上部仍要保持静止的状态，所以人的身体向后仰了。

延伸思考

惯性是物体的固有属性，一切物体都具有惯性。因此，惯性在生活中是不可避免的，我们在利用惯性的同时，要规避惯性带来的危害。

我们拍打衣服时，衣服动了，而衣服上的灰尘因为惯性仍要保持静止，如此，灰尘就能与衣服分离。这是惯性带来的益处。公路上行驶的汽车，刹车后，汽车因为具有向前的惯性，所以仍要滑行一段距离才能停下，这一段距离往往是很多事故发生的原因。这就是惯性带来的危害。

3. 精彩的拔河比赛

今天的操场格外热闹，因为四年级（1）班和（2）班即将举行一场班级联谊拔河比赛。比赛规定每班选出 10 名队员代表班级参加比赛。此时，两班的 10 名队员已经分立在绳子的两边，摆开弓步，屏气凝神，双手握住绳子，蓄势待发。

“嘘——”，随着裁判一声哨响，比赛开始了。场下，啦啦队把“加油”“加油”喊得震耳欲聋；场上，队员们身体后仰，咬紧牙关，铆足劲儿把绳子向己方拉动。绳子中间系着的彩带一会儿向四（1）班靠近一些，一会儿又向四（2）班靠近一些，过了一会儿，竟然停在中间一动不动了。

四（1）班的科学课代表小杰看到这一幕，脱口而出道：“咱们班队员的拉力和四（2）班队员的拉力大小相等了！”

那么，达到二力平衡的条件是什么呢？

知识点

二力平衡问题

当绳子中点的彩带不再移动时，绳子两边的拉力就达到了**二力平衡**的状态。二力平衡时，物体保持静止或匀速直线运动状态。

二力平衡的条件是两个力大小相等，方向相反，并作用在同一直线、同一物体上，即**等大、反向、同物、共线**。在拔河过程中，四（1）班和四（2）班队员的拉力都作用在绳子上，符合“同物”的条件；且两个力都与绳子平行，符合“共线”的条件；两个力的作用方向相反，符合“反向”的条件；此时，若两个班级队员拉力大小正好相等，就满足了二力平衡的条件，绳子中点的彩带也就不再移动了。

延伸思考

看了本节的二力平衡，聪明的你是不是一下子想到了第一节的相互作用力？相互作用力是一对大小相等，方向相反，作用在同一直线上的力。

但是，二力平衡是作用在同一物体上，而相互作用力是作用在不同的物体上。二力平衡的两个力可以是不同性质的两个力。当其中一个力发生变化时，虽然会打破二力平衡的状态，但不会对另一个力产生影响，而相互作用力是两个性质相同的力，两个力同时产生，同时消失，当一个力发生变化时，另一个力必然随之变化。

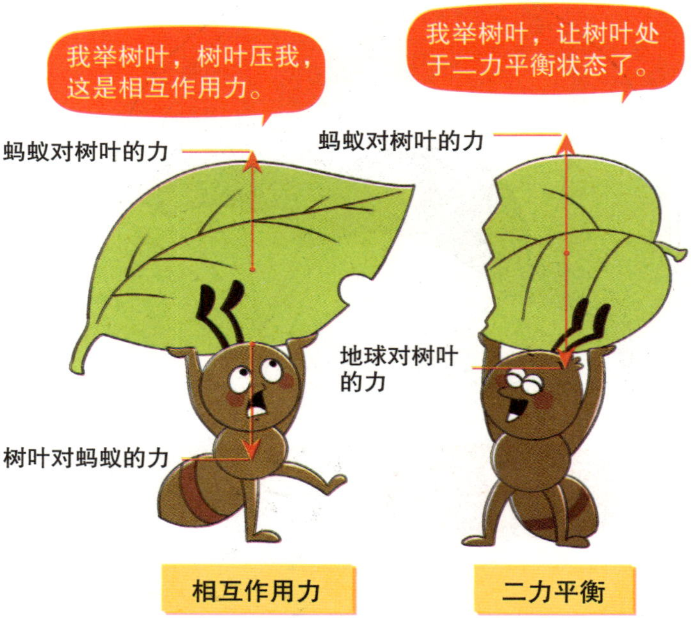

Part 2

第二部分

去“力”的世界探险

4. 校园里的吊单杠比赛

最近，学校的操场边新添了单杠、双杠、云梯等许多健身器材。下课后，同学们都喜欢去健身器材场地那里玩耍，尤其是男孩子们，他们一会儿爬云梯，一会儿压腿，一会儿做引体向上，常常玩得满头大汗，却依然不亦乐乎。

时间久了，校园里逐渐流行起吊单杠比赛：大家双手攀住单杠，身体悬空挂在单杠上，看谁能坚持的时间最久。女孩子们也颇有兴趣，常常在单杠旁给男孩子们做裁判。

每次，瘦瘦的小孙总是能坚持最久的时间，当其他同学纷纷坚持不住掉落在地时，小孙依然稳稳地吊在单杠上，一副气定神闲的样子。而胖胖的小壮往往是最早从单杠上掉下来的，小壮不服气，还单独“约战”了小孙几次，却每次都成了小孙的手下败将。

小壮不明白了：明明自己的力气比小孙大多了，为什么吊单杠总是赢不了小孙呢？

知识点

无处不在的重力

小壮吊单杠总是输给小孙，很大一部分原因是**重力**在作怪。物体由于地球的吸引而受到的力叫作重力，重力的方向总是竖直向下的。重力的施力物体是地球，所以，地球上所有的物体都受重力的作用。**在地球上的同一个地点，质量越大，重力越大**。

因为小孙的质量比小壮的质量小，所以小孙的重力就比小壮的重力小。吊单杠是一个克服自身重力的项目。小壮的重力大，需要克服的重力就多，如果小壮和小孙的耐力、体能差不多，那么小壮能够坚持的时间自然就短了。所以小壮要想在吊单杠比赛中赢过小孙，需要多多付出锻炼才行！

延伸思考

物体对支持物的压力（或对悬绳的拉力）小于物体所受的重力的现象称为失重。宇航员在太空中时，他们自身及身边的物体总是飘浮在空中，甚至连水珠都浮在空中，这是因为在太空中，物体都处于失重的状态。坐电梯下楼，电梯刚刚启动向下的时候，我们会觉得自己变“轻”了，这也是因为我们处在失重的状态。

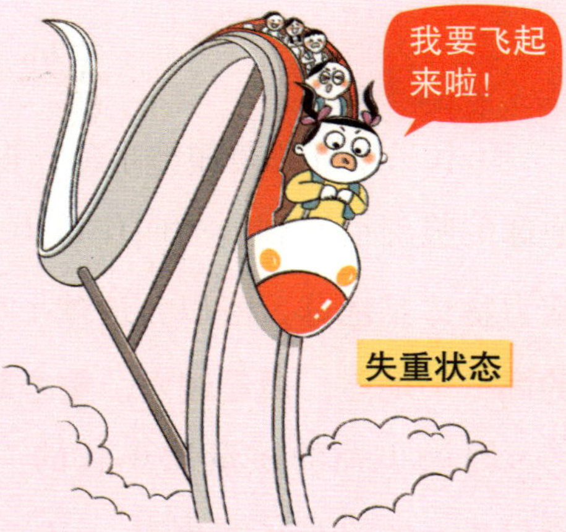

失重状态

物体对支持物的压力（或对悬绳的拉力）大于物体所受的重力的现象称为超重。如在飞机起飞时，我们常常觉得身上多了一股“压力”，很不舒服，这时我们就处于超重的状态。

超重状态

5. 书页为什么分不开

小斐是一名五年级小学生，这天，他看到一篇文章《分不开的书页》，这篇文章里面说把两本书的书页互相交叉叠合在一起，就很难被分开。

“这是骗人的吧！”小斐觉得很不可思议。有钻研精神的他马上找来两本大小、薄厚差不多的书，开始一张一张地交叉书页……

他好不容易做完了这件事，吸了一口气，用双手抓住两本书，试着向两边拉。这次他用的力气不大，两本书的书页纹丝不动。

小斐顿时来了兴趣，他摩拳擦掌，用上了很大的力气，再次向两边拉，可没想到这两本书还是牢牢地“黏”在一起。

就这样一连试了几次，小斐都没能把书页分开，他这才相信那篇文章说的是真的，可他不明白这到底是怎么回事，你能告诉他吗?

知识点

摩擦力的力量

两本书的书页叠在一起拉不开，是因为**摩擦力**在悄悄发生着作用。

物体之间的接触面越粗糙，施加在物体上面的压力就越大，产生的摩擦力就越大。

书页的纸面有细小的凹凸，导致接触面比较粗糙，如果只有两页纸叠在一起，拉动时产生的摩擦力是非常小的，可以轻松地被拉开。可要是将几十页、几百页纸一层层地叠起来，施加在受力面上的压力会随着书页的增多而加大，摩擦力也会随之增大，所以很难把书页一起拉开。

粗糙的路面

光滑的路面

延伸思考

在生活中，我们随处可以见到摩擦力的影子，有的时候它会给我们带来一些坏处，所以要减少有害摩擦力。为此，我们要把接触面尽量磨平，或是让接触面彼此分离，或是减小一些压力。就像在滑冰场上，工作人员要经常去平整冰面，这就是为了减少摩擦力，加快人们滑冰的速度。

但有的时候，摩擦力对我们也有帮助，所以要想办法增大有益摩擦力，比如拖鞋底部有很多花纹，这就是为了让接触面变得粗糙一些，增加摩擦力，我们就不会轻易滑倒了。当然，我们也可以试着增大压力，这样也能够起到增加摩擦力的作用。

6. 一根弹簧的故事

在最近的科学课上，弹簧测力计出现的频率特别高。科学老师赵老师每次把物品往弹簧测力计上一挂，就能很快读出物品的重力，同学们对弹簧测力计好奇已久，都想拿在手里研究一番。

这天，赵老师上完科学课，把弹簧测力计落在了讲台上。同学们连忙一拥而上，围着讲台打量起弹簧测力计。只见它看起来平平无奇，只有一根弹簧，一块有刻度的板，一个钩子而已。小雨眼疾手快地把弹簧测力计拿到手里，在钩子上挂上一把剪刀，弹簧就立刻被拉长了，上面的指针指在“4N”的刻度上。小雨兴奋地说：

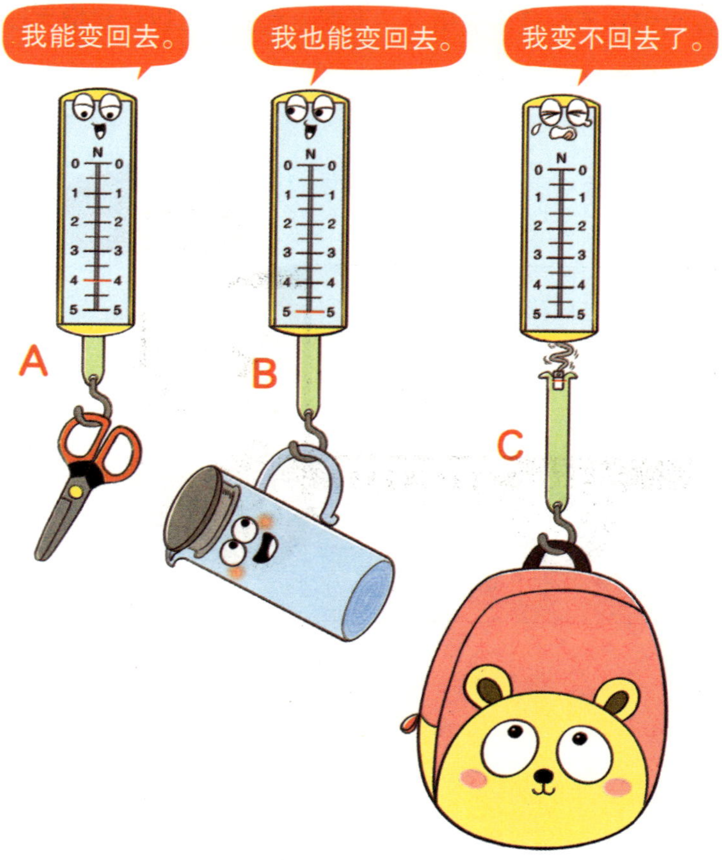

“耶！我的剪刀重 4N！”

大家连忙拿来不同的东西挂在弹簧测力计上，看着弹簧一会儿伸长，一会儿缩短，一个个重力就被测量了出来。小雨说：“看来，弹簧测力计的关键就在这根弹簧身上，弹簧真叛逆，我们把它拉长，它就要缩短，我们把它压缩，它就要伸长，它是不是有什么魔力呀？”

说完，就听到不知哪里传出一个声音：“我能让弹簧的魔力消失！”一个书包挂上了弹簧测力计的钩子，弹簧一下子被拉长，再也变不回去了。

“弹簧的魔力”是什么？又怎么会消失呢？

知识点

弹力与胡克定律

弹簧身上的魔力就是它的**弹力**。物体受到外力发生形变，撤去外力后，物体能恢复原来形状的力就是弹力。这种可以恢复的形变称为**弹性形变**。在一定限度内，物体发生的形变越大，弹力就越大。

提到弹力，就必须要提到和它紧密相关的胡克定律：F=-kx。F 是弹力，k 是弹力系数，是一个常数，x 是弹簧的伸长量或压缩量，负号表示弹簧产生的弹力与它伸长或压缩的方向相反。胡克定律告诉我们，弹簧发生形变时，弹簧的弹力与弹簧的伸长量或压缩量成正比。当然，这必须要在弹簧的弹性限度内才能成立。

弹簧测力计就是应用了胡克定律，将需要测量的力作用于弹簧上，使弹簧产生等大的弹力，再利用弹簧的长度变化计算出弹簧的伸长量或压缩量，就能测量外力的大小了！

延伸思考

除了弹簧具有弹力外，其实很多材料都具有弹力，比如我们穿的弹力袜，穿在脚上后会被撑开，脱下来后又会变成原样；再比如小朋友们玩的跳跳球、蹦蹦床，也都是利用了弹力。弹力的作用方式也是多种多样的，很

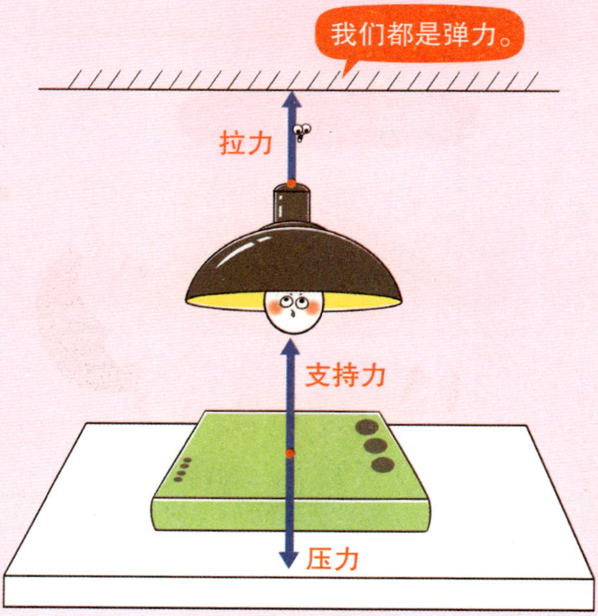

多根据作用效果命名的力其实都属于弹力，比如桌面对放在其上的物体有一个支持力，这个支持力其实是桌面发生形变后产生的弹力，只是这个形变很微小，我们看不出来。

由此可见，弹力是非常普遍存在的力，胡克定律也不能满足所有的弹力。

7. 小纸船慢慢游

盼盼看故事书时，看到了一个有关小纸船的故事。这个故事讲的是一只小松鼠住在河流的上游，每天，小松鼠都会折一只小纸船，在纸船中放一颗松果和一封问候的信，然后把小纸船放进小河里；小纸船顺着小河慢慢游，游到生病的小熊家，游到受伤的小马家，游到挨妈妈批评的小兔家，朋友们收到小松鼠的小纸船，心情一下子就变好了！

盼盼被小松鼠和朋友们之间的友谊深深感动了，她想：我也要像小松鼠一样，给别人送去祝福。于是，盼盼用彩纸折了一堆一模一样的小纸船，在船上写上祝福，又放上一些自己心爱的小玩意儿，有发夹、玻璃球、纽扣……

做完这些，盼盼把小纸船都放到了家附近的小河里，但奇怪的是，有些小船慢慢游远了，有些小船刚放下水就沉了，这是怎么回事呢?

知识点

浮力的作用

在水中，小纸船会受到一个竖直向上的力，这个力叫作**浮力**。浸没在液体中的物体，都会受到液体带给它的浮力的影响。物体在液体中受到的浮力大小，和它排开液体的体积有关，排开液体的体积越大，浮力越大；物体在液体中受到的浮力大小，也跟液体的密度有关，液体密度越大，浮力越大。

总而言之，当物体排开液体的重量大于自身的重量时，它就能浮起来，反之，就会下沉。盼盼叠的小纸船形状一样，但上面放的物品却不相同。我们可以把物品和船看成一个整体，这样，每只小船的体积一样，整体的重量却不一样了。整体重量小的船，如果我们施加外力让它正好全部浸没在水中，它排开水的重量将比自身的重量要大得多，撤掉外力，小船就会浮起，因此，在没有其他外力时，这类小船不会下沉。相反，整体重量大的船，如果完全浸没在水中，排开水的重量将小于自身的重量，因此这类船放到水面后，自己就会下沉。这就是为什么盼盼叠的小船有的下沉，有的漂浮。

延伸思考

物体除了在液体中受到液体对它的浮力，在气体中也受到气体带给它的浮力的影响。物体在气体中受到的浮力也和它排开气体的体积和气体密度相关。

物体往往是整个浸没在气体中的，所以排开的气体体积就是物体自身的体积。因此，当物体的密度小于气体的密度时，排开气体的重力就大于自身的重力，物体便能浮在气体中。比如我们用嘴吹出的气球不能飞起来，因为里面是二氧化碳气体，比空气密度大。而路边卖的氢气球能够飞起来，是因为里面填充的是比空气密度小的氢气或氦气。

Part 3

第三部分

扛不住的“压力”

8. 捏不碎的鸡蛋

四年级（6）班正在上科学课，这节课的老师马老师带来了一些鸡蛋，并笑着对大家说：“今天我想做一个单手捏碎鸡蛋的实验，咱们班里力气大的同学都可以到讲台上来试一下。”

马老师话刚说完，同学们就都举起了手。马老师叫男生小陈先来试试。只见小陈张开右手，尽量把鸡蛋包进手心，再用力捏紧……怪事发生了！小陈咬紧了牙、涨红了脸，一直用力捏呀、捏呀，却怎么也捏不碎这看似脆弱的鸡蛋。

小陈沮丧地走下讲台后，马老师又邀请了两位体格健壮的“大力士”接

着上台做实验，这两人本来信心百倍，可艰难地尝试了一番后，他们也不得不认输。

"马老师，你拿来的其实是用特殊材料做的仿真蛋，对不对啊？"有同学好奇地问。

马老师被逗笑了，他拿起鸡蛋，在玻璃烧杯的边沿上磕了磕，鸡蛋就碎了，里面的蛋清、蛋黄也流到了烧杯里。

看来鸡蛋本身并没有问题，那么，为什么同学们用尽全力也不能把它捏碎呢？

知识点

压力的作用效果

想衡量压力的作用效果有多大，我们不仅要考察压力本身的大小，还要关注受力面积。由此就要引入一个常用的物理量"压强"，它就是物体单位面积上受到的压力大小。

在马老师的实验中，同学们把鸡蛋完全包裹在

单手中，虽然用了很大的力，但受力面积是整个鸡蛋的表面积，落在蛋壳上每一点的压强很小，所以鸡蛋不会被捏碎。有科学家曾用机械手进行过这样的实验，发现要用超过 200 公斤的力才能将被机械手完全包裹着的鸡蛋捏碎，这很显然人类是做不到的。

不过，在杯口磕鸡蛋，或是用两根手指捏鸡蛋，情况就会大不相同，因为这样做鸡蛋的受力面积就会变得很小，即使压力较小，单位面积上的压强也会变得非常大，鸡蛋就很容易碎裂。

延伸思考

如果想要增大压强，有两种方法：第一种是增大压力，第二种是减小受力面积。就像我们平时经常看到的压土机，它的滚筒与地面的接触面积特别小，有时甚至接近一条直线，而压土机对地面施加的压力又很大，所以就能产生极大的压强，可以将地面压得平平整整。

同样，如果想要减小压强，可以减小压力或是增大受力面积。我们可以观察一下自己平时背的书包，会发现背带比普通包的肩带要宽得多，这是因为书包里要装的书本、文具较

多，重量较重，对肩膀造成的压力较大，加宽背带，可以让受力面积增大一些，压强变小一些，这样肩膀就不容易被压痛、压酸。

9. 塑料挂钩的力量

放学回家，晶晶顺便帮妈妈取了一份快递。回家后，晶晶拆开一看，原来是妈妈前几天买的塑料挂钩。晶晶把塑料挂钩拿起来一看，发现这些挂钩竟然没有粘性，只是一个钩子连着一个吸盘。难道挂钩上有隐形胶水吗？晶晶随手把挂钩往墙上一按，果然，塑料挂钩很快就掉下来了。晶晶心想：不好，难道妈妈碰到无良商家，买到废品了？

好不容易等到妈妈下班，晶晶赶紧向妈妈报告了自己的发现，看着晶晶忧心忡忡的样子，妈妈“扑哧”一下笑了，说：“小傻瓜，没有黏胶，还会有别的帮手来把这些钩子‘粘’到墙壁上的，不信，你现在就来看看吧！”

妈妈说着拿着塑料挂钩走进厨房，然后把墙壁擦干净，又在塑料挂钩的吸盘上滴了一点儿水，慢慢把塑料挂钩垂直压在墙面上，直到本来

略微有些隆起的吸盘平平地贴在墙上。妈妈松开手，塑料挂钩果然粘在墙壁上了。妈妈又把一套锅瓢挂了上去，此时，塑料挂钩稳稳当当的，丝毫没有要掉下来的迹象。

晶晶惊讶极了，是什么把挂钩“粘”到墙壁上的呢？

知识点

神奇的大气压

把挂钩粘在墙壁上的力量是神奇的**大气压强**，简称大气压或气压。大气压是作用在单位面积上的大气压力，国际单位是帕（Pa）。大气压的大小与空气密度有关，而空气密度又和海拔高度有关，海拔高度越高，大气密度越低，大气压越小。在海拔 3000m 以内，海拔大约每升高 10m，大气压减小 100Pa。

延伸思考

大气压与我们的生活息息相关。因为我们始终处在大气层中，也就是说，我们每时每刻都受到大气压的影响。当气压明显发生变化时，我们的身体也会产生一系列反应。

晴天时，大家常常觉得心情开朗愉悦；阴雨天时，大家往往感到心情低沉。出现这种情况，气压扮演了很重要的角色。阴雨天气时，空气中水分含量较高，导致空气含量相对减少，空气密度低，气压也较低。低气压容易让我们出现压抑、郁闷的感觉。再比如我们所熟知的高原反应，除了低氧外，还因为海拔高处气压低，在低海拔区生活而习惯了较高气压的人们，一下子进入低压区，会影响人体内的氧气供应，出现头晕、头痛、恶心、无力等诸多不适。

同样地，高气压也对我们有着不小的影响。当外界气压升高时，我们的耳朵里一个叫作鼓膜的部分受到的压力会增大，导致鼓膜内陷产生耳鸣、耳胀等症状。此外，人们处在高气压环境下，能够提高体内氮气的溶解度，出现氮麻醉。

但是，高气压并不是全无好处，在医院里，有一种叫作高压氧舱的治疗手段，就是利用高气压提高人体内的氧浓度，挽救生命。

10.“打点滴”的思考

小康的爷爷生病住院了，小康立马跟着爸爸去看望爷爷。小康的爷爷是一个退休的科学教师，平时总会给小康讲生活中的科学知识，小康可敬佩爷爷了。

小康和爸爸走进病房时，爷爷正靠在床上打点滴，见到小康，爷爷高兴地说：“小康来了！来来来，到爷爷这来。”小康见到爷爷的精神很不错，也很高兴，扑到爷爷身边说：“爷爷，您要快点儿好起来，我还想听您讲科学故事呢！”爷爷一听更乐了：“小康真是个爱学习的好孩子，生活处处有科学，就在这病房里，也隐藏着很多科学知识呢！你看爷爷正在打的点滴，瓶子里的液体为什么能滴下来呀？”

小康说：“这还不简单，因为液体的重力呗！”

爷爷摇摇头说：“不全对。”然后示意小康的爸爸把吊瓶放低一点儿，将其放到距离爷爷的手背只 10cm 左右，液体竟然不再滴下来了！爷爷说：“你看，输液瓶虽然还是比我的手高，但是重力并没有改变，液体怎么就不滴了呢？”小康的爸爸把吊瓶挂回原处，液体又一滴一滴地滴了下来。

爷爷问：“还有什么原因能让点滴往下滴呢？”

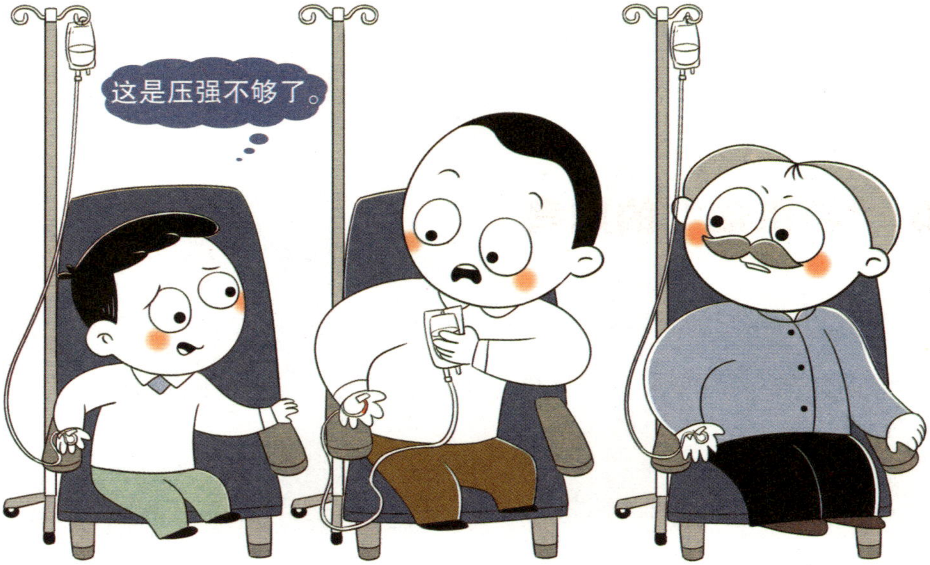

知识点

认识液体压强

我们已经知道，空气朝各个方向都有压强，那么，液体是否也是这样呢？想一想，在洗衣服时，水斗里放满了水，活塞是不是很难拔起？

这说明液体对容器下部存在压强。用剪刀戳破一个装满水的矿泉水瓶，水会从瓶身上的小孔中喷出，这说明液体对容器侧壁也存在压强。喝罐装饮料时，易拉罐的上口有时会拱起，这说明液体对容器上部也有压强。

事实上，液体和气体一样，对物体的各个方向都存在压强，这就是液体压强。吊瓶中的液体能滴下来，主要是**液体压强**的作用。液体压强简称液压。

人体内的压强和大气压相同，但静脉内的压强由于心脏的收缩作用，要大于大气压，吊瓶内的液体受到瓶子上部空气的压强和下部液体的压强（液压），两者之和大于静脉内的压强，液体才能被“压”进静脉里。

延伸思考

液体压强与液面高度有关，液面高度越高，液压越大。当小康爷爷的吊瓶高度降低时，液体压强减小，当液压与气压之和不再大于静脉内的压强时，点滴就不能被“压”进静脉了。

液体压强在生活中的应用很广泛，比如日常所用的血压计就是利用了液体压强的原理，将血压转化成水银柱的压强，用水银柱的高度表示出血压来。但是为什么血压计里面的液体是水银，而不是又便宜又常见的水呢？

原来，液体压强除了和液面高度有关，还和液体的密度有关，液体的密度越大，液体压强就越大。如果血压计里面的水银柱换成水柱，同样的血压数值，水柱必须比水银柱高很多才能达到同样的压强，那血压计的外壳也必须做得很长，这样既浪费材料，也不方便使用。

Part 4

第四部分

看“机械能”施展魔法

11. 跷跷板“失灵”了

周末，聪聪和明明的爸爸妈妈带着已经上六年级的双胞胎兄弟聪聪和明明去公园野炊。公园里有很多健身器材，还有滑梯、跷跷板。聪聪和明明一看到跷跷板，就迈不开步子了，兄弟俩你上我下，你下我上，玩得不亦乐乎。

爸爸看兄弟俩玩得这么高兴，对他们说：“聪聪、明明，我来考考你们，在不破坏跷跷板的前提下，你们有什么办法让跷跷板‘失灵’，让对方翘起来下不去？”

聪聪立马说道：“我有办法！妈妈，你过来坐在我后面！”妈妈闻声坐到了聪聪的身后，果然把另一头的明明高高翘起，任凭明明怎么使劲儿也没办法把跷跷板压下去。

明明也不甘示弱，他先请妈

妈离开跷跷板，然后又让聪聪往前坐，直到靠近中间的立柱，他再走到自己的那一头坐下，果然也把聪聪翘了起来，使聪聪没办法下去了。

跷跷板真的“失灵”了吗？

知识点

杠杆原理

跷跷板其实相当于一个**杠杆**，它中间支撑的立柱与横杆之间的交点就是**支点**，用字母 O 表示。我们可以把聪聪坐着的那一头所受到的重力看作**动力**，用字母 F_1 表示，把明明坐着的那一头所受到的重力看作**阻力**，用字母 F_2 表示，支点到动力作用线的距离是**动力臂**，用字母 L_1 表示，到

阻力作用线的距离就是**阻力臂**，用字母 L_2 表示。**杠杆原理的公式是：动力 × 动力臂 = 阻力 × 阻力臂**。跷跷板的正常与失灵，其实都是杠杆原理在发挥作用。

聪聪和明明在玩跷跷板时，一开始两人的重力差不多，即动力等于阻力。动力作用线是聪聪重力方向上的直线，阻力作用线是明明重力方向上的直线，显然，支点到这两条线的距离一样，满足了动力臂等于阻力臂的条件，所以能让跷跷板正常运转起来。

之后，聪聪请妈妈和自己坐在一起，是通过增加动力的方式，把明明翘起来，而明明让聪聪往前坐，是缩短了动力臂，当然，如果以动力臂为标准，也可以说是延长了阻力臂，从而把聪聪翘了起来。

延伸思考

等臂杠杆是指动力等于阻力，动力臂等于阻力臂的杠杆。如上面提到的跷跷板，以及天平、定滑轮等，都属于等臂杠杆，既不费力，也不费距离。

省力杠杆是指动力小于阻力，动力臂大于阻力臂的杠杆。如生活中常用的开瓶器，它以抵在瓶盖上的点作为支点，卡在瓶盖边沿的点受到瓶盖向下的阻力，扳手处受到手向上扳的动力，此时动力和阻力的作用点在支点的同

一侧，动力臂大于阻力臂，动力小于阻力，我们就能轻松撬开瓶盖啦！但是省力杠杆省力的必然结果，就是费距离，生活中的订书器、胡桃钳等，都是省力杠杆。

费力杠杆是指动力大于阻力，动力臂小于阻力臂的杠杆。有些同学可能会问，我们为什么要用费力的杠杆呢？那当然是为了省距离了！比如钓鱼的鱼竿，当鱼儿上钩时，我们一般双手一前一后握着鱼竿。此时，后面的那只手是鱼竿的支点，前面那只手施加的向上提的力是动力，鱼对钓竿向下拽的力是阻力。和上面的瓶盖刚好相反，此时动力和阻力的作用点也在支点的同一侧，但是阻力臂要远大于动力臂，这样，我们在岸上站着抡手臂、抛鱼竿，就能钓到一大片河水区域里的鱼。此外，还有镊子、筷子、扇子等，都是费力杠杆的典型代表。

12. 爬楼梯也“做功”

秋高气爽，学校组织五年级的同学去登山。为了保障同学们的安全，同时增加登山的乐趣，五（1）班的班主任把全班分成四个小组，每个小组都有一名任课老师带队，四个小组选取四条不同的线路，四个组之间进行比赛，看哪一组先登上山顶。

俊俊在的第二小组由科学老师金老师带队。金老师是个瘦瘦高高的年轻男老师，平时就爱跑步、踢球，一看就是个运动健将。他一边跑前跑后照应着大伙，一边指导着一些登山技巧，成功把第二小组第一个带到了山顶。虽然如此，同学们也累得呼哧直喘，有些同学甚至一屁股坐在地上不想起来了。只有俊俊除了有些出汗外，看上去气定神闲，很是不一般。金老师好奇地问："俊俊，你不累吗？"

俊俊自豪地说："金老师，我家住在五楼，我上课的教室也在五楼，我每天跑上跑下不知要跑多少台阶，早就练出来了！"

金老师恍然大悟："爬楼梯可是在做功呢！原来你每天要做这么多功，怪不得爬山也不觉得累呢！"

爬楼梯也是在"做功"吗？

知识点

功的概念

通常而言，如果一个力作用在物体上，物体在这个力的方向上移动了一段距离，就说明这个力对物体做了功。**功**是力的空间积累量，用W表示，它的大小等于力与物体在力的方向上通过的距离的乘积，即W=F·S。

俊俊爬楼梯时，要克服自身的重力，产生一个向上的力。同时，俊俊又发生了向上的位移，所以俊俊产生的这个力满足了功的两个条件：作用在物体上的力和物体在这个力的方向上移动了距离。因此，俊俊爬楼梯时确实是在做功。

延伸思考

我们已经知道，做功的两个因素：一是有力作用在物体上，二是物体在这个力的方向上有位移，所以，显而易见，有力无位移和有位移无力都是不可能做功的。除此之外，还有第三种情况，就是既有力作用在物体上，物体也发生了位移，但力的方向与位移的方向垂直，那么相当于物体在这个力的方向上没有发生位移，这个力就没有做功。比如我们在水平的地面上行走，此时我们位移的方向和重力的方向正好垂直，因此重力就没有做功。

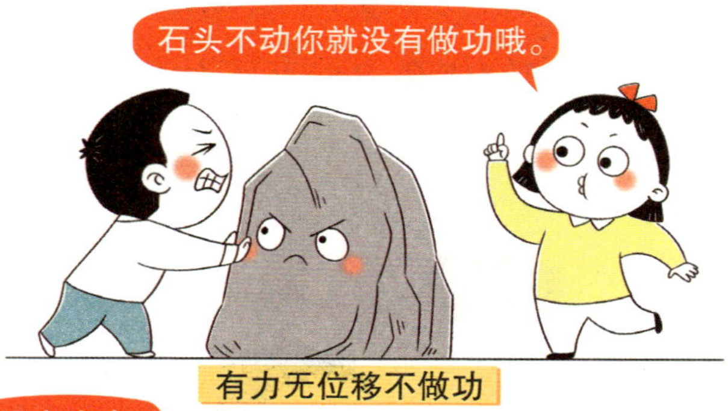

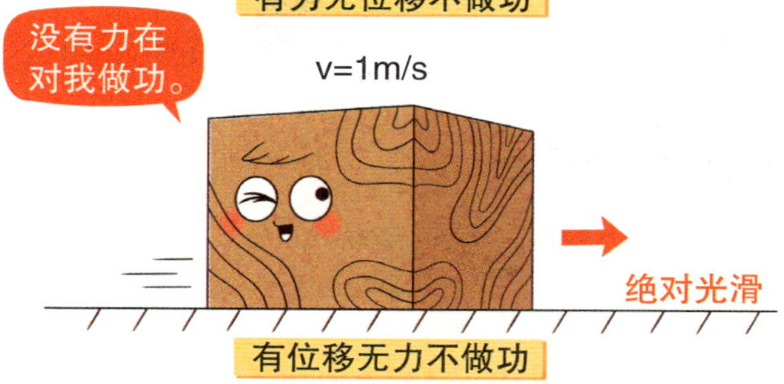

13. 怎么运沙最轻松

在科学课上，朱老师拉来了一辆小推车。这个小推车上放着好几个各式各样的小桶，有笨重的铁桶，有普通的木桶，有轻便的塑料桶……看着大家疑惑的眼神，朱老师笑着说："同学们，咱们教室楼下就是操场，我想请几位同学帮助我去操场的沙坑里运几桶沙子回来，这些桶的体积都一样，大家可以随意选择。”

话音刚落，同学们就都踊跃地举手，朱老师选了两个男生一个女生。三个同学不约而同地拎起塑料小桶下楼去了。不大一会儿，他们就都拎了满满一桶沙子回来。

朱老师接过沙子，问三位同学：“同学们，你们为什么都用塑料桶去装沙子呢？”女生灵灵快言快语地回答道：“塑料桶最轻，拎起沙子来就最轻松嘛！”

朱老师赞许地说：“对，你们选择重量比较轻的塑料桶，就是提高了运沙的机械效率啊！”

知识点

了解机械效率

前面我们已经知道了功的概念，现在我们来介绍机械效率。**机械效率**就是有用功和总功的比值。我们需要的是有价值的功，叫作**有用功**，其他没有实用价值而又不得不做的功叫作**额外功**，额外功与有用功之和就是总功。

运沙时，人对桶和沙子的拉力所做的功是总功。这其中，一部分拉力是在克服沙子的重力做功，这部分就是有用功，因为我们的目的就是要把沙子运上楼；另一部分拉力是在克服桶的重力做功，这部分就是额外功，因为我们并不想要做这部分功，但沙子必须要有容器来盛。

延伸思考

机械效率的大小与有用功和额外功有关，我们通常通过减少额外功来提高机械效率。比如用轻便的桶装沙子，本质上就是减少了额外功，再比如我们会给机械上

润滑油以减小摩擦力，或者选用自重较轻的机械，都是在减少额外功。

但是，在额外功一定的情况下，我们还可以通过增加有用功来提高机械效率。比如同样的桶，装一桶沙子和半桶沙子上楼，装一桶沙子就比装半桶沙子的机械效率高，这就是增加了有用功。

14. 自行车爬坡为什么费劲

童童上六年级了，开始每天骑自行车上下学了。

童童非常享受骑车的过程。早上，童童沐浴着朝阳，听着小鸟叽叽喳喳地打招呼，迎面而来的微风令他神清气爽；傍晚，追着天边的火烧云，看

着沿途形形色色的店铺，热闹而繁忙的景象让他幸福感满满。童童觉得自己也成了这个城市的风景线。

美中不足的是，从家到学校有一座高大的桥，上坡路又长又陡，童童每次看到这个桥坡就头疼，上坡真累啊——每次上坡都要用上九牛二虎之力蹬车，生怕一泄劲儿自行车就滑下来了，等到蹬上桥顶，背后都出汗了，气也喘得有些急，大腿更是隐隐酸痛。

童童想不明白了：骑自行车上坡怎么会这么费劲儿啊，谁把我的能量偷走了呢？

知识点

认识重力势能

骑车上坡的过程，是**重力势能**“偷走”了童童的能量。重力势能是物体被举高而具有的能。

童童骑自行车从桥底到桥顶，重力势能增加了，而增加的这部分重力势能，由童童蹬车的动能转化，相当于童童蹬车的动能，要把自己和自行车从桥

底“举高”到桥顶，童童自然就很累了。

延伸思考

物体在某点的重力势能等于物体从该点运动到参考点时重力所做的功。从中我们可以看出，重力势能由重力作用和物体重心的空间位置决定，而重力又与质量相关。

在质量一定时，物体距离参考系的高度越高，重力势能就越大。在物体与参考系的相对位置一定时，物体质量越大，重力势能就越大。

太有意思了！

生活中的物理

❷ 声音篇

高盈恺◎编著

航空工业出版社
北京

内容提要

《太有意思了！生活中的物理》是一套专门为小学生编写的趣味物理科普读物。将物理学知识融入到日常生活中，用通俗易懂的语言解析物理原理并做知识延伸，配有大量充满童趣的漫画，带领孩子们走进多彩的物理世界，收获无穷的启迪。

图书在版编目（CIP）数据

太有意思了！生活中的物理 . 声音篇 / 高盈恺编著 . -- 北京 : 航空工业出版社 , 2023.8

ISBN 978-7-5165-3399-4

Ⅰ . ①太… Ⅱ . ①高… Ⅲ . ①物理学 – 青少年读物②声学 – 青少年读物 Ⅳ . ① O4-49 ② O42-49

中国国家版本馆 CIP 数据核字 (2023) 第 117509 号

太有意思了！生活中的物理・声音篇

Tai youyisi le!Shenghuozhong de Wuli.Shengyin Pian

航空工业出版社出版发行

（北京市朝阳区京顺路 5 号曙光大厦 C 座四层　100028）

发行部电话：010-85672688　010-85672689

三河市越阳印务有限公司印刷　　全国各地新华书店经售

2023 年 8 月第 1 版　　2023 年 8 月第 1 次印刷

开本：787×1092　1/16　　字数：42 千字

印张：3.5　　定价：150.00 元（全 6 册）

Preface

前言

“人为什么能够听到声音？”“电话里的声音是从哪里来的？”“用听诊器为什么能够听到身体内部的声音？”“大声唱歌真的能震碎玻璃吗？”……这些与声音有关的问题总是能够最大限度地引起孩子们的好奇心，他们会绞尽脑汁地找寻其中的答案。家长们不妨抓住这个时机，用轻松有趣的科普读本引导孩子们推开物理学的大门，到神奇的声学世界中尽情遨游。

本书就是这样一本揭开声音的秘密的趣味读本。书中用通俗易懂的文字，配合孩子们喜闻乐见的漫画，生动地讲解了声音的产生、传播、接收和应用等方面的物理知识。这些知识与孩子们熟悉的生活现象紧密关联，让他们在阅读时不但不会产生距离感，还会读得津津有味、欲罢不能，更会在不知不觉中对物理学科产生浓厚的兴趣，为将来学习物理打下最初的基础。

Contents

目录

01

揭开声音的“小秘密”

02

跟着声波去旅行

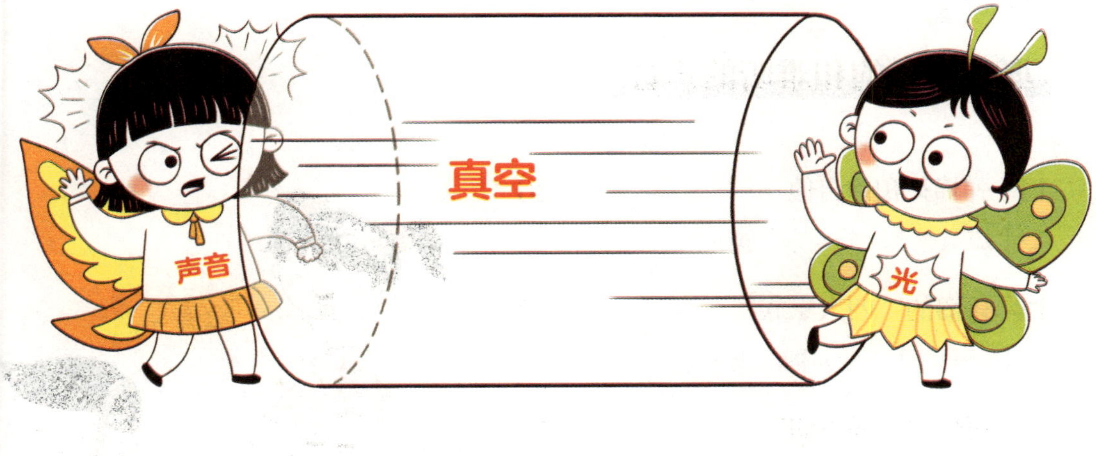

03

听觉也会玩“游戏”

04

那些好听的和难听的声音

Part 1

第一部分

揭开声音的“小秘密”

1. 锣鼓是怎么发声的

不久前，凡凡一家收到堂哥结婚的请柬。等到了请柬上的日期，爸爸妈妈早早就带着凡凡去了堂哥家。

堂哥家住在农村，婚礼大部分还是按照农村的习俗，淳朴中不乏热闹与喜庆。凡凡的爸爸刚把车停在村口，就听见喧闹声中夹杂着锣鼓声远远地传了过来，尤其是锣鼓声，越走近村里听到的锣鼓声就越响亮，似乎要向全世界宣告这里的喜悦。走到堂哥家门口，凡凡一家果然看见打扮得焕然一新、脸上洋溢着幸福的堂哥在门口迎接宾客。

凡凡忍不住拉了拉妈妈的袖子，嘟囔道：“妈妈，这锣鼓声也太响了，刚刚在村口就听得很清楚，这会儿快要把耳朵震聋了。”

妈妈笑着点了点凡凡的脑门：“你平时吵吵嚷嚷的，可不就跟锣鼓声一个样，都是‘大嗓门’。”周围的叔叔伯伯听到了，都跟着笑了起来，凡凡的脸也红了起来，但赶紧争辩道：“我还是有安安静静的时候的。”

妈妈继续调侃他：“是啊，锣鼓不敲的时候，就是安安静静的嘛！”

凡凡刚要反驳，突然一愣，为什么锣鼓不敲的时候就没有声音，一敲起来，却这么响亮呢？锣鼓究竟是怎么发声的？

知识点

声音的产生

声音是物体振动产生的声波，它通过介质传播并能被听觉器官感知。

我们把最初发生振动的物体叫作**声源**。因此，我们要听到声音，必须具备三个条件：声源、传播介质、正常的听觉器官。

敲锣时，棒槌敲击锣面使锣面振动发出声音，并通过空气传播到我们的听觉器官——耳朵。这样，我们就听到响亮的锣鼓声了。

延伸思考

既然声音是由振动产生的，那么，平时我们说话、唱歌的声音是怎么产生的呢？

我们身体里有一个叫作“喉”的器官，它是一个空腔。喉中有两片平行的肌肉，叫作声带。声带非常有弹性，发声时，声带靠拢、绷紧，在自肺呼出的气流的冲击下，发生振动，并带动喉腔的空气一起振动，这样，我们就发出声音了。

当然，喉发出的声音只是基音，加上口、咽、鼻、鼻窦、肺等空腔的共鸣作用，才是我们最终听到的声音。

2.“一敲三响”是怎么回事

小威在书上看到一个有趣的实验：一敲三响。这个实验讲的是，一个人敲击水管，另一个人在相隔较远的一端靠近水管的地方能听到三个声音。小威觉得难以置信：敲一下为什么会听到三个声音呢？他马上想到好朋友阿杰家所在的小区是老小区，有很多水管都是沿着围墙安装的，正是做这个实验的好地方。

于是，小威马上赶去了阿杰家，把要做这个奇妙实验的想法告诉了阿杰。阿杰一听，也觉得不可思议，同时迫不及待地想要验证一番。于是，他拿了一双筷子，和小威一起来到了小区围墙处一段长长的自来水管前。

小威在一端站定，阿杰远远地跑到另一端。等阿杰靠近水管站好，小威就拿起筷子对着水管用力一敲，过了一会儿，就见远处的阿杰兴奋地比了一个“三”的手势，示意小威他听到了三个声音。接着，换阿杰敲水管，小威站在靠近水管边听声响。只见阿杰的筷子敲在水管上，“咚——”，很快就有一个声音传到了小威的耳朵里，过了一会儿，“咚——”，又传来一声，又过了一会儿，“咚——”，第三声如约而至，小威又等了一会儿，就再也没有听到声音了，不多不少，正好听到了三个声音，这才朝阿杰跑去。

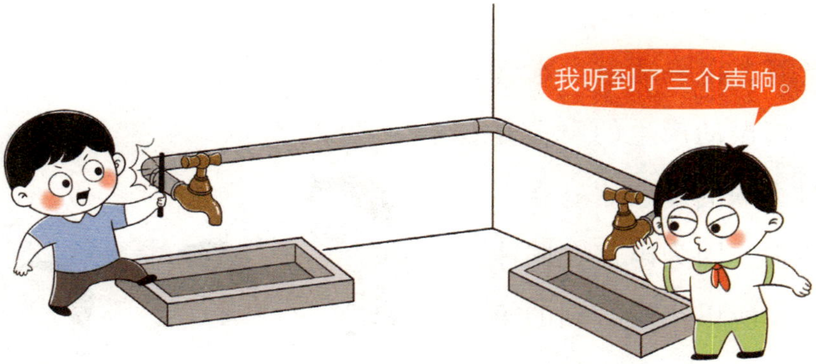

阿杰脸上的兴奋劲儿还没有褪去，他用力拍打了一下小威的肩说：“真是神了，这个实验竟然是真的！”

小威也很高兴，但是他更想知道，为什么敲一下水管，在另一端能听到三个声音呢？

知识点

不同物质中的声速

声速，即声波的传播速度。在不同的介质中，声波的传播速度是不同的。

声音在固体中的传播速度最快，在液体中的传播速度其次，在空气中的传播速度最慢。并且，在不同材质的固体、不同的液体、不同密度的气体中，声音的传播速度都不相同。但总体而言，声速是 $V_{固体} > V_{液体} > V_{气体}$ 。

当阿杰在一端敲击水管时，水管振动产生的声音分别通过金属管壁、水、空气进行传播。因为声速在固体中最大，所以小威听到的第一个声音是通过金属管壁传来的；小威听到的第二个声音是通过水管中的水，也就是液体传来的；小威听到的第三个声音是通过空气传来的。声速在气体中最小，所以通过空气传播的声音传到人耳用的时间最久。

延伸思考

同学们一定会发现，敲敲家里的某段水管，另一端并不能听到三个声音，而是往往只有一个声音。小威和阿杰的实验能够成功，还有很重要的一个原因是他们找的水管长度合适。为什么“一敲三响”还对水管的长度有要求呢?

声音在传播过程中能量会不断耗散，当水管太长时，就像距离太远一样，我们无法听到声音，但是为什么水管太短也不行呢?

原来，我们人耳能分辨两个声音的最短时间间隔是 0.1s，如果两个声音之间的时间间隔小于 0.1s，我们就无法分辨出来，会将它们认作是一个声音。因此，想要成功听到“一敲三响”，那么三个声音之间的时间间隔必须达到 0.1s 以上。一般情况下，声音在空气中的传播速度是 340m/s，在水中的传播速度是 1500m/s，在铁中的传播速度是 5200m/s，据此，我们可以算出水管的长度要不小于 210m（假设水管的长度为 S 米，则需要符合 $S/340-S/1500 \geq 0.1s$，$S/1500-S/5200 \geq 0.1s$，解得 $S \geq 210m$）。当水管的长度在 210m 时，人耳刚好能区分开“一敲”之后的“三响”。如果水管的长度再长一些，

三个声音的时间间隔就会更大一些，我们就能把三个声音听得更清楚。但如果超出 210 米太多，声音的能量就会在传播过程中损耗太多，其中，在气体中声音的能量损耗最多，固体最少，所以，我们会逐渐听到两个响声、一个响声，直至一个响声也听不到。

3. 暖水瓶里的歌声

小磊是一名小学五年级学生，他不但学习勤奋，在家也表现得很勤快，是爸爸妈妈的好帮手。

这天下午，小磊放学回家，刚打开房门，就听到厨房的水壶“唱起了歌”。他知道是水开了，便很自然地放下书包，跑进厨房，关上煤气灶的阀门，再把水壶拎起来，把开水灌进一只暖水瓶里。

最开始，暖水瓶是空的，开水倒入后，发出了低沉的“咚咚”声；随着瓶中的水位不断升高，声音也在发生变化——从低沉变得越来越尖细、高亢，好像正在演奏一首独特的“乐曲”。等到声音变到最高最细时，暖水瓶就被灌满了。

“真有意思，以前我怎么没

有注意到这个现象呢？”小磊回味着刚才听到的“乐曲”，心中充满了好奇，你能告诉他这是怎么回事吗？

知识点

音调的高低变化

小磊听到暖水瓶中发出了高低不同的声音，这里的“高”和“低”是用**“音调”**来衡量的。音调低，声音听上去就会比较“粗犷”“低沉”；音调高，声音听上去就会比较“尖细”“高亢”。

我们已经知道，声音是由**物体振动**产生的。物体每秒内振动循环的次数叫作“振动频率”，**频率越高，音调就会越高**。在灌水的时候，水搅动了暖水瓶中的空气，使空气不断受到振动，于是就发出了声音。一开始，暖水瓶是空的，从瓶底到瓶口的这段**“空气柱”**比较长，振动起来不太容易，所以振动的频率就会比较低，发出的音调也会低一些；随着水越灌越多，瓶里的空气就变得越来越少了，“空气柱”慢慢缩短，振动频率就会越来越高，发出的音调就会渐渐变高；马上就要灌满水的时候，“空气柱”是最短的，振动频率也是最高的，所以这时候音调是最高的，这就是暖水瓶里的歌声的由来。

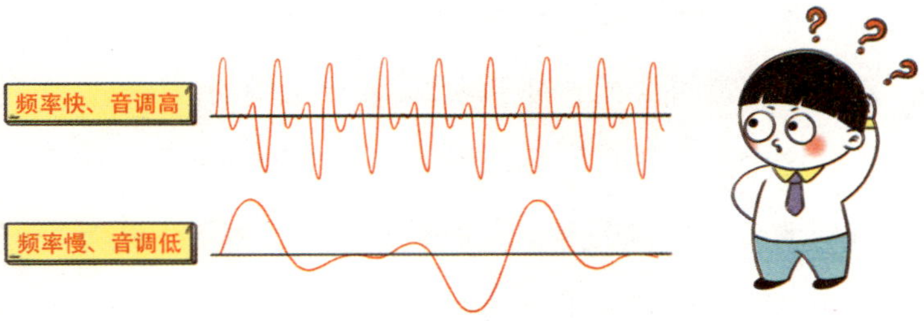

延伸思考

在生活中，我们可以运用“音调”来解决不少问题。比如在水果店挑选西瓜的时候，人们会用手敲敲西瓜，听一听声音，然后就能判断这个西瓜是不是已经成熟。

这里用到的就是音调的知识，因为西瓜在不同的生长阶段，内部水分的含量是不一样的：当西瓜还未成熟时，水分较多，瓜瓤的结构比较紧实，“空气柱”相对较短，这时候敲击西瓜，“空气柱”振动频率较高，发出的声音是尖而清脆的；等到西瓜成熟以后，内部的水分会大大减少，瓜瓤的结构出现了较大的空隙，“空气柱”相对较长，这时候敲击西瓜发出的声音就是粗而沉闷的。

这个方法还可以用来检查陶瓷器皿的质量：用手轻轻弹扣瓷器的表面，听到清脆、高亢的声音，说明瓷器质感细腻，质量良好；可要是听到低沉、喑哑的声音，就说明瓷器内部有小孔、气泡。很明显，瓷器中“空气柱”的长短直接决定着它振动的频率是高还是低，也决定着发出的声音是清脆还是低沉。

4. “震耳欲聋”和“窃窃私语”

在四（2）班的科学课上，白老师在黑板上写下“震耳欲聋”和“窃窃私语”两个成语。同学们一看，轻声地在底下开始议论。

“这节是科学课吧？”

“当然了，你没看见白老师在讲台上呢？”

“那怎么还跟语文课一样讲成语呢？”

“这谁知道呀。”

白老师笑着摆了摆手，问同学们：“大家能给我举例子说说哪些声音是‘震耳欲聋’的吗？”

同学们立刻踊跃抢答：“昨天晚上打雷了，那雷声震耳欲聋。”

“过年爸爸放鞭炮的鞭炮声，也是震耳欲聋的！”

“我家隔壁最近在装修，钻墙的声音真是震耳欲聋！”

白老师点点头，赞许道：“同学们都回答得很好，那么能再举一些例子说说‘窃窃私语’吗？”

同学们安静了一会儿，阿石不好意思地说：“老师刚刚在黑板上写成语的时候，我们就在下面轻轻讨论，这就是窃窃私语。”

白老师笑了笑，说：“很对，还有吗？”

“我上周在美术课上和同桌讲话被老师批评了，也算是窃窃私语吧！”北北红着脸说。

“我和闺蜜讲悄悄话的时候也是窃窃私语。”

白老师轻轻敲了敲黑板，说：“同学们回答得都很好，根据这些例子，大家发现没有，‘震耳欲聋’和‘窃窃私语’的最大区别是什么？”

“是声音的大小不一样！‘震耳欲聋’的声音大，‘窃窃私语’的声音小。”同学们很快就找到了两者的区别。

“对了，这就是我们这节课要学习的内容了。”白老师说着，转身在“震耳欲聋”和“窃窃私语”这两个成语之间写下“响度”两个大字，大家这才恍然大悟，科学课还是科学课，今天，要学到关于“响度”的新知识了！

知识点

声音的响度

声音的响度又称**音量**，是人耳对声音大小的一个主观感觉量。响度的计量单位是**宋**。响度的影响因素是声源振动的幅度，即振幅，还有声源与听者的距离。在与声源距离不变的情况下，振幅越大，响度越大，比如雷声虽然与我们的距离很远，但是因为它的振幅很大，所以响度很大。在声源振幅不变的情况下，我们与声源越近，声音的响度就越大，比如隔壁装修时的钻墙声，如果是在几层楼下或者是在另一栋楼听，就变成“窃窃私语”了。

因为响度是一个主观感觉量，所以我们对响度的判断也有一定的差异性。不同的人在同样的距离听同一个声音，感受到的响度并不完全相同。

延伸思考

响度和音调同是声音的属性，两者在生活中常常听起来很相似，似乎音调高响度就大，但事实上，音调和响度是完全不同的。

音调只和物体振动的频率有关，振动频率越高，音调越高；振动频率越低，音调越低。而响度和振幅及距离声源的远近有关。音调高的声音不一定响度大，同样，响度大的声音也不一定音调高。北北在美术课上的“窃窃私语”就属于音调高而响度低，老师的厉声批评音调低但是响度大。

在生活中，我们说的男低音、女高音，就是指音调的高低，但是“不敢高声语”“声低气微”指的是声音响度的大小。

Part 2

第二部分

跟着声波去旅行

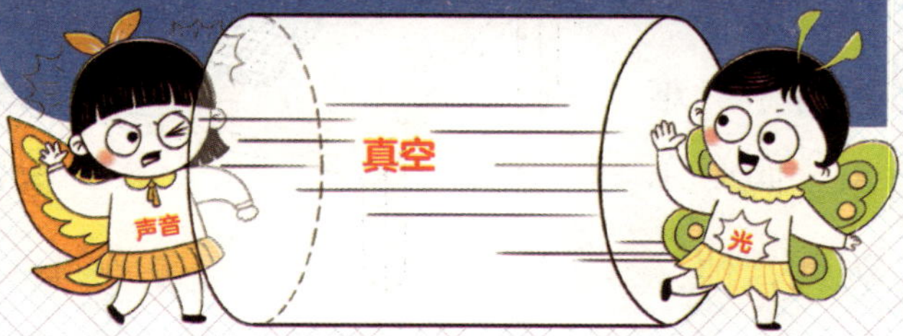

5. 静悄悄的月球

小张的梦想是成为一名宇航员，他想长大以后乘着宇宙飞船飞到月球上看一看月球上的环形山，去体验在月球上一步能够跨出多远……为此，小张对宇航员在太空中的视频都十分感兴趣，每次都要一个视频来来回回看上好几遍。

这天，小张在看登月视频时，突然发现视频里除了宇航员叔叔们的说话声、解说声、背景音乐的声音外，就再也没听到别的来自月球的声音了。难道月球上没有声音吗？小张疑惑地想。为此，他又找了一些与宇航员登月有关的视频，发现了一个更有意思的现象：当两名宇航员对话时，并不是像平时看到的那样面对面交流，而是通过宇航服上的设备进行交流。

小张更加奇怪了：难道月球上不能传递声音吗？为什么宇航员叔叔明明靠得很近，还要多此一举通过设备来沟通呢？

小张带着疑惑请教了科学老师，科学老师告诉他："声音确实无法在月球上传播，而且宇航员到达的月球是静悄悄的，没有任何声音。"

声音为什么不能在月球上传播呢？

知识点

真空不能传声

我们已经知道，想要听到声音，必须具备三个条件：声源、传播介质、正常的听觉器官。也就是说，声音的传播是必须要有介质的。而月球上没有空气，没有水，是一个真空的环境，在真空中，没有任何可以让声音传播的介质，失去了传播介质这个条件，我们自然就听不到任何声音了，所以，月球上是静悄悄的，没有声音。

我们可以进行一个实验，把正在响铃的闹钟放进一个可以抽气的玻璃罩内，并且抽出罩中的空气，当罩内成为真空状态时，我们就听不见闹钟的声音了。

延伸思考

声波在真空中不能传播，这是因为声波是一种机械波，必须靠介质的受迫振动进行传播，而真空不具备介质这个条件。

与声音在真空中不能传播相比，光却恰恰相反，光在真空中的传播速度最快。这是因为光是一种电磁波，而电场和磁场在任何环境下都可以存在，因此光的传播不需要介质。宇航员如果在太空中需要交流，就要依靠太空服上的无线电设备，将声波转化为电磁波进行传递。

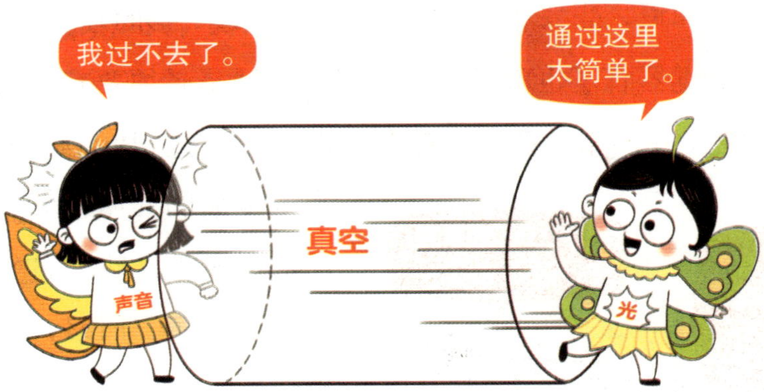

6. 在山谷中大喊为什么能听见回声

暑假到了，小杨的爸爸妈妈平时要上班，没有时间照顾放假的小杨。于是，爸爸像往年一样把小杨送回了外地老家，一来避暑，二来老家的爷爷奶奶也想孙子了。

小杨的老家在一个群山环抱的小山村中，这里仿佛是一个世外桃源，不仅景色优美，而且温度宜人。小杨的爷爷奶奶家就坐落在这一片山谷中，站在家中的后院里，就能看到远处层层叠叠的大山。

小杨很喜欢老家的生活。可是今天，他却不太开心，因为暑假作业里有一道思考题，他已经算了两个小时，还是没有半点儿思路。小杨气得扔下笔跑到后院中，对着苍苍茫茫的大山大声发泄："好难啊！"

话音刚落，远处就传来了"好……难……啊……"的回应，小杨一愣，是谁在学我说话？于是，他把手比作喇叭状围在嘴边，更加大声地喊道："喂——，你好吗——"，山谷中马上回荡起"喂……你……好……吗……"的声音，小杨这才意识到，这就是他自己的回声呀！

"真是太有意思了！回声好像是大山在和我交流，我说一句，它答一句。"小杨说道。于是，小杨忘记了那道思考题，快乐地和大山玩起了回声游戏。

知识点

声波的反射

当声波从一种介质进入另一种介质时，在两种介质的分界面处发生了反射，使入射声波的一部分能量返回第一种介质，产生回声。回声就是**声波的反射现象**。

小杨发出的声波在传播过程中遇到大山就会被反射回来，当返回的声波与小杨发出的声波的间隔时间达到0.1s以上时，人耳就能将两种声音区分开来，这时返回的声波就叫作回声。现在有很多著名的景点，如北京天坛的回音壁，山西的鸳鸯塔，四川的石琴景区等，都是因为回声而闻名。

鲸鱼、蝙蝠都能根据声波的反射判断与障碍物的距离。人类也据此学会了用声呐等仪器借助反射的声波探索一些区域的情况。

延伸思考

声波在两种介质的交界面上会发生反射，我们把垂直于这个交界面的线叫作法线，把入射到这个交界面上的声波叫作入射线，把被这个交界面反射出去的声波叫作反射线。声波的反射遵循反射定律：1. 入射线、反射线、法线在同一侧；2. 入射线、反射线分居法线的两侧；3. 入射角等于反射角。

不论是平面还是凹面，抑或是凸面，都遵循这一定律，但是，凹曲面和凸曲面在反射声波时，是以刚好碰到曲面某个点的平面作为交界面进行反射的。和平面反射相比，凹曲面反射声的强度较强，也就是说，凹曲面有收集声波的作用。我们的耳廓就类似一个凹曲面，能帮助我们收集声波，更好地听到声音；凸曲面反射声的强度较弱，凸曲面有发散声波的作用，一些室内设计就会利用凸曲面的发散作用使声音均匀分布在室内。

7. “隔墙有耳”是真的吗

诺诺在课堂上学到了一个新成语：隔墙有耳。可她却有些不太理解，墙这么结实，连光都透不过，声音真的能够传到墙的另一边吗？难道自己在家里说话、看电视、听音乐的声音，都会被邻居听到吗？

傍晚回家，诺诺忧心忡忡地对妈妈说：“妈妈，老师今天告诉我们‘隔墙有耳’，以后我们在家里说话，要小心被邻居听到啊！”

妈妈扑哧一下笑了，说：“傻丫头，哪有这么容易被听到！你平时不也没听到邻居讲话吗？”

“对啊！我怎么没想到，那‘隔墙有耳’是假的吗？”

“当然不是假的，这样吧，我们回去做一个小实验你就明白了！”

回到家，妈妈让诺诺走进书房，自己则进了紧邻书房的主卧，然后，妈妈打开手机，用最轻的音量放了一段音乐，音乐放完后，妈妈走到书房门口问诺诺：“诺诺，听到妈妈刚才放的音乐了吗？”

诺诺茫然地说：“没有啊，我什么都没听到。”

“那我把音量调大一格，你再听听。”

如此重复几次，直到妈妈把手机的音量调到五格，诺诺才终于隐隐约约地听到了音乐的声音，当音量被调到八格时，诺诺已经能听清楚整段音乐了。诺诺高兴地说：“我明白了，声音真的可以透过墙壁，‘隔墙有耳'是真的，只不过要声音大一点儿才行！"

妈妈笑着说："是啊，所以你平时在家一定不能大喊大叫，小心邻居家'隔墙有耳'！"

知识点

声波的折射

声波在传播的过程中，遇到不同介质的分界面时，除了发生反射外，还会发生折射，从而改变声波的传播方向。

我们知道，声音在固体、液体、气体中的传播速度是不同的，当妈妈在卧室里放音乐时，声波沿着卧室里受迫振动的空气传播到墙壁，带动墙壁一起发生振动，这时，声波已经由气体传播到了固体，传播速度发生了变化，传播的方向也发生了变化，声波发生了折射；当声波从墙体传播到空气中时，墙体的振动带动书房中空气的振动，此时，声波又由固体传播到气体中，传播速度再次发生改变，声波的折射再次发生，这时，诺诺才能听到隔壁的音乐声。

但是，声波在传播过程中，声波的能量在不断衰减，当声音的响度比较小时，就意味着它所具有的能量也比较小，当声波不具有足够的能量穿过墙体时，另一边就听不到声音了。

延伸思考

即使同样是在空气中，声波也常常会发生折射。这是因为温度对声速的影响很大，温度越高，声速就越大。声波从温度高的空气向温度低的空气传播时，会逐渐向温度低的一侧空气“拐弯”。

沙漠中，因为地面温度很高，靠近地面的空气的温度也很高，地面上发出的声波很快向温度低的上空“拐弯”，因此沙漠里的声音总是传不远；雪地则恰恰相反，地面温度比高空低，靠近地面的空气温度低，声波向温度低的近地面“拐弯”，所以声波能传得很远。同样的道理，白天时，地面温度比较高，地面上的声波向温度低的高空“拐弯”，使得声音传播得不远，却能传得较高；而夜晚时，地面温度低，山顶等地发出的声波会向温度低的近地面“拐弯”，使得山上的声音在夜里传得更远。

Part 3

第三部分

听觉也会玩“游戏”

8. 耳朵为何能听到声音

阿然是一个音乐爱好者，他弹得一手好钢琴，平时，他喜欢参加各种音乐会，倾听二胡的凄婉，洞箫的悠扬，小提琴的圆润，萨克斯的精致……

木木是个热爱生活、热爱自然、心思细腻的女孩，她喜欢倾听自然界和生活中的一切声音。不论是清晨的鸟啼，夏日的蝉鸣，夜间的蛙声，小溪潺潺的流水声，还是菜市场的喧嚣声，教室里的朗朗书声，小公园里孩童的打闹声，她都深深地喜爱着，陶醉其中。

小雪喜欢听歌，不论是激情飞扬的摇滚，还是意境深远的古风歌曲，抑或是恬淡宁静的乡村歌曲，她都将其保存在自己的歌单中，走在路上，嘴里也总爱哼上几句。小雪的奶奶喜欢听戏曲，她每天都守着戏曲频道，看京剧、昆曲、越剧、豫剧……不亦乐乎。

亲爱的同学，你是不是也和他们一样，有着这些爱好？或者，当你听到妈妈亲切的关怀，爸爸真挚的表扬，老师严肃的教导，同学友善的

鼓励时，是不是在想，这个充满着声音的世界是这么奇妙，我们的耳朵为何能听到声音呢？

知识点

听觉的原理

我们都知道，耳朵的功能是“听”，那么，耳朵是怎么听到声音的呢？

要想知道耳朵是怎么听到声音的，我们首先要认识一下我们的耳朵。耳朵分为外耳、中耳和内耳。外耳分耳廓和外耳道，起到收集声波，引导声波传至鼓膜的作用。鼓膜是中耳和外耳的分界，后面的中耳腔中有三块连着的听小骨，鼓膜振动带动听小骨产生振动，起到放大声音的作用。听小骨振动带动其后相连的内耳

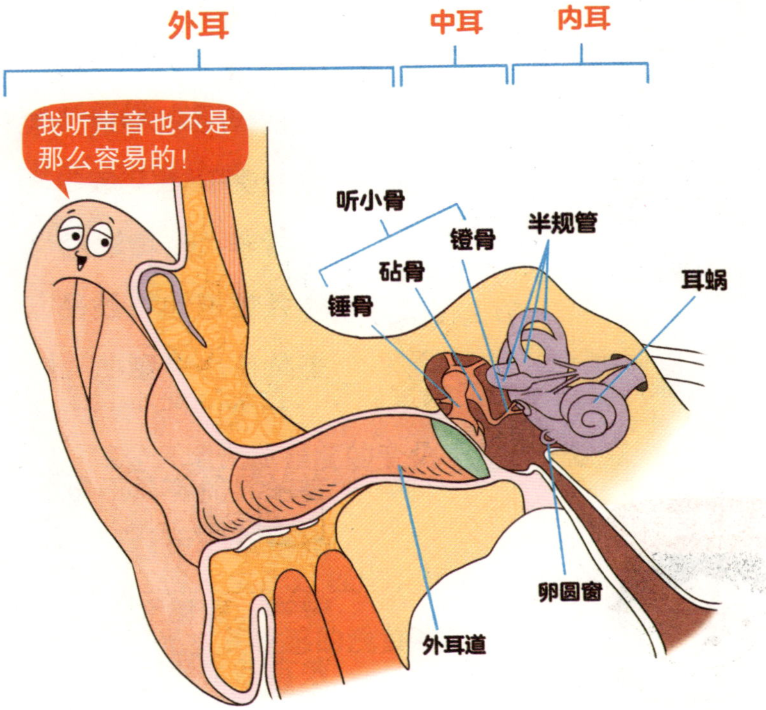

中的**卵圆窗**振动，卵圆窗另一边是充满液体的**耳蜗**，卵圆窗振动使得耳蜗内的液体流动，刺激耳蜗里的毛细胞将声音信号转化为电信号，并沿着神经传递到大脑，大脑经过信息处理后，产生听觉。

延伸思考

耳朵是我们的听觉器官，而听觉最终是在大脑形成的，在这一系列的环节中，哪一个环节出问题都有可能导致听觉系统不能正常工作，听不到或听不清声音，也就是我们常说的“耳聋”。

耳聋的原因大体分为四种：传导性耳聋、感音性耳聋、混合性耳聋、中枢性耳聋。传导性耳聋是声音在耳内的传播过程出现了异常，包括外耳、中耳的畸形，或者外耳道被异物阻塞等原因；感音性耳聋的情况比较复杂，主要是各种原因导致内耳损伤；混合性耳聋是同时存在感音性耳聋和传导性耳聋的病变；中枢性耳聋是大脑的听觉中枢或者中枢传导通路发生了病变。

9. 吃饼干的声音为何那么响亮

周末，兰兰到好朋友阿荷家去玩。看到兰兰，阿荷非常高兴，拿出自己最喜欢的饼干热情地招待兰兰，于是两个小伙伴就在客厅里一边吃饼干一边玩拼图。

玩着玩着，兰兰突然发现，阿荷吃饼干几乎没有什么声音，除了最开始咬饼干时发出了一点儿声音，后面几乎听不到她的咀嚼声，反观自己，“咔嚓咔嚓”的咀嚼声清晰无比，好像一只偷食的老鼠。兰兰非常沮丧，觉得自己真是太不淑女了，于是她开始尽量小心翼翼地吃饼干，每一口都咬得很小，咀嚼的动作也尽量放慢，尽管如此，她还是觉得自己的咀嚼声很大，而且因为吃得太小心，本来好吃的饼干也变得索然无味了。

细心的阿荷很快发现了兰兰的异常，关切地问：“兰兰，你是不喜欢

吃这种饼干吗？要不我再去拿点儿薯片？”

兰兰连忙制止阿荷说：“不是饼干的问题，是我觉得自己吃饼干的声音好响，太没形象了，你吃饼干就没发出什么声音。”

阿荷惊讶地说：“你在说什么呀！明明是你吃饼干都没怎么发出声音，反而是我嚼饼干嚼得震耳欲聋的，不过我向来大大咧咧，就没在意。”

话音刚落，两个好朋友都陷入了思考：为什么自己听自己嚼饼干的声音那么响亮，而听别人嚼饼干却没有多少声音呢？

知识点

奇特的“骨传导”

想要知道问题的答案，我们先要了解一下**骨传导**。骨传导是声音通过颅骨直接从内部传递给听觉神经，经大脑处理后形成听觉。

我们平常说话时，颅骨直接将声带的振动传递给听觉神经，通过这种骨传导的方式让我们听到自己的声音。而我们听别人的声音时，声音是通过空气传播，然后经过外耳、中耳、内耳，

最终沿听觉神经传入大脑，形成听觉的。这也是为什么我们听到自己的录音总觉得奇怪，那是因为平时我们都是通过骨传导听到自己的声音的，而听录音则是通过空气传播听到自己的声音的。

吃饼干时，饼干的咀嚼声通过颅骨直接传递给听觉神经，在大脑形成听觉。因为骨传导是固体传声，传播速度快，能量损耗少，因此我们会觉得声音格外清晰，音量格外大。而听别人吃饼干时，声音是通过空气传播的，能量损耗大，并且咀嚼时由于是闭着口，在一定程度上阻隔了咀嚼的声音传播到空气中，因此最终我们听到别人吃饼干的声音就很小。

延伸思考

骨传导的发现，为我们听到声音提供了另一条途径，是耳聋患者的福音。

已知最早从骨传导的方式中获益的是伟大的音乐家贝多芬。贝多芬晚年时听力几乎完全丧失，但他用牙咬着一根与钢琴相连的木棒的一端，重新听到了钢琴的乐

音。他就是利用骨传导的方式重新听到了声音。后来，骨传导助听器在医学领域被广泛应用。

此外，由于固体传音具有很强的抗噪优势，在噪声很大的环境中也能听到清晰的声音，所以骨传导技术也被广泛用于军事领域，这极大地解决了对讲机在高噪声环境下无法通信的难题。

10. 贝壳里的潮声

阿松是一个出生在内陆的孩子，他没有亲眼见过大海，每次在电视上看到辽阔的大海，他总是心生向往，希望自己有一天也能去美丽的海边。因此，在得知爸爸要去海南出差一周时，阿松高兴坏了，央求爸爸一定要给他带回“大海的礼物”，爸爸欣然同意了。

一周后，爸爸出差回家了，一进门，就递给阿松一个大贝壳。爸爸告诉阿松，贝壳生长

在大海里，只要把贝壳放在耳边就能听到潮声——那是大海的声音。

阿松迫不及待地把贝壳凑到耳边，细细一听，果然，贝壳里传来了“嗡——嗡——”的声音，这让阿松想起了电视里海浪拍打沙滩的情形。他仿佛来到了沙滩上，看着无边无际的大海，感受着微咸的海风，海浪一波波地涌来，细碎的浪花抚摸着他的脚……“真的是大海的声音！我听到大海的声音了！”阿松激动地举着贝壳，转了好几个圈。

亲爱的同学们，你听过贝壳里的“潮声”吗？这真的是大海的声音吗？

知识点

声音的“共鸣”

贝壳中潮水的声音，与声音的共鸣有关。两个发声频率相同的物体，如果相距不远，那么其中一个物体发声时，另一个物体也会发声，这就是声音的**共鸣**。共鸣能够**放大声音的响度，还能改变声音的音色，从而提高音质。**

在生活中，我们始终处于各种杂音的包围中，只是这些杂音常常会被我们的耳朵自动过滤掉，所以我们平时听不到这些杂音。但是，把贝壳放在

耳边时，如果贝壳外的声音频率与贝壳内腔的声音频率相同，就会在贝壳里面产生共鸣，把这些杂音放大，我们就会听到贝壳里传来“潮声”。其实，这只是贝壳放大了耳朵周围的噪音，与大海可没有什么关系。

平常我们说话、唱歌时，也在利用共鸣的原理发声。我们声带振动发出的原始声其实很小，也比较模糊，通过胸腔、鼻腔、口腔等空腔产生共鸣后，原始声被放大，声音也变得更加清晰明亮。二胡、小提琴、吉他等乐器都带有一个空腔叫作共鸣腔，也是利用了共鸣提高乐器声音的响度。

延伸思考

共鸣本质上是一种共振现象。每个物体本身都有一个固有的振动频率，叫作固有频率，当物体遇到一个与其固有频率相同的声波时，两者就会发生共振。如果这种振动发出的声音能够被人耳听到，我们就称它们发生了共鸣。也就是说，共鸣是可发声物体间的共振。前面提到，某些次声波能够和人体器官产生共振，但由于次声波不能被我们听到，所以这种共振不能称为共鸣。而音叉的共振、乐器的共振、我们发声时的共振，都属于共鸣。

Part 4

第四部分

那些好听的和难听的声音

11. 弹棉花和弹吉他

强强从小就学习弹吉他，今年读六年级，已经能弹得一手好吉他，还拿了不少奖项。每逢班级、学校举办文艺演出，强强总要上台自弹自唱一段。有时家里来客人，看到他放在客厅的吉他，总会请他来弹奏，强强也从不推脱，一曲弹罢，总能赢得满堂喝彩。

受到强强的影响，强强的姨妈也给自己的儿子，也就是强强的小表弟报了吉他班，希望他好好学习吉他，将来拥有一技之长。这天，强强的妈妈带强强去姨妈家做客，正碰到姨妈在督促小表弟练吉他，小表弟虽然弹得卖力，但吉他在他手中却不太听使唤，弹出来的吉他声"嘭、嘭、嘭"，难听极了。姨妈恨铁不成钢地在一旁数落小表弟："你看你，学了多久了，还跟弹棉花似的，什么时候能弹得和你强强表哥一样好啊！"

强强的妈妈连忙上前劝道："滴水穿石非一日之功，强强那会儿弹得更难听呢！那时候邻居老来跟我投诉，说是听不下去了，我都忍不住想

放弃了。还好坚持下来，邻居们都说现在听强强练吉他就是享受。”

说完，强强的妈妈还拿出手机放了一段录音，正是强强初学吉他时录下的。听着手机里“嘭、嘭、嘭”的弹棉花声，强强直闹了个大红脸，心想：为什么同样一把吉他，同样一个人弹，既可以弹出噪音，也可以弹出乐音呢？

知识点

区分乐音与噪音

在生活中，我们能很明确地区分一个声音是噪音还是乐音，但是，对于这个声音为什么是噪音或是乐音，我们就不太清楚了。从物理学角度来看，振动起来有规律的、单纯的，并且有准确高度的音，被称为**乐音**；振动起来毫无规律、杂乱无章的声音，就被称为**噪音**。

乐音能够让人身心愉悦，产生积极感。噪音则会引起人烦躁，甚至损害人体健康，如汽车的喇叭声、邻居家的

装修声、工地的机械声。值得注意的是，并不是音量小的声音就一定不是噪音，比如在安静的自习室，窃窃私语的声音也可能属于噪音。

强强在弹吉他上已经掌握了一定的技巧，能够将吉他演奏得规律和谐，没有杂音，并且具备一定的音高，因此听起来优美动听，属于乐音。而强强的小表弟刚刚学习吉他，还不能熟练地掌握技巧，弹出来的声音杂乱无章，就属于噪音了。

延伸思考

噪声和噪音，最开始是同义词，两者并没有什么区别，不过，随着社会的进步和规范化，噪音和噪声逐渐被区分开来，有了不同。

噪音，是物理学上的名词，和“乐音”相对，指物体不规则振动产生的音高混乱，听起来杂乱无章的声音；噪声，现在是环境学上的名词，指的是让人厌烦，一切干扰人们正常生活、学习、工作、休息的声音。比如强强的吉他弹得很好，被邻居们视为“乐音”，但如果强强在半夜三更，邻居们睡觉时弹奏，打扰了大家的睡眠，就会被认为是噪声了。因此，乐音也可能是噪声。

12. 乐器的“四大家族”

英子是一名六年级的学生，喜欢吹奏横笛。现在的她已经是学校艺术团的副团长，负责主管乐器分团。在这里，英子认识了很多志同道合的朋友，大家一起参加排练、演出，一起交流学习乐器的经历与心得。

在一年一度的毕业典礼上，艺术团如同以往一样要为毕业生们准备一些节目，其中就有乐器分团的乐器大合奏。不同的是，这次，老师希望在演出之前，英子能作为代表介绍一下乐器分团。这下子可让英子犯了难，乐器分团里有那么多乐器，怎么介绍才能既全面又不杂乱呢？

还是老师给英子提了个醒：“英子，你可以把这些乐器分类进行介绍，就会显得有条理多了！”

英子听了老师的提醒，豁然开朗，很快就把乐器分好了类：“二胡、小提琴、古筝，这些都是有弦的乐器；箫、萨克斯、唢呐，还有我的横笛，都是靠吹奏发出声音的；架子鼓、锣、木琴，这些都是靠打击出声的；还有电子琴、电吉他，这些都是通电才能发出声音的！”

老师赞许地摸了摸英子的头，说：“英子，你真聪明，你说的就是咱们乐器的‘四大家族’呀！”

知识点

不同乐器的发声原理

老师提到的乐器“四大家族”，是根据乐器**发声原理**的不同进行分类的。第一类是**弦乐器**，弦乐器往往通过拉、弹、拨等多种方式使弦振动，再通过共鸣腔的作用使声音放大。值得注意的是，钢琴虽然是按键，但还是通过弦的振动发声的，因此，钢琴也属于弦乐器。

第二类是**管乐器**，管乐器一般呈管状，人们通过嘴吹动其中的振动器件，带动管内空气柱的振动而发声。除了英子提到的那些乐器外，还有长号、圆号、单簧、双簧都属于这一类乐器。

第三类是**打击乐器**，打击乐器是通过一个器物打击另一个器物，使其振动而发出声音的乐器，梆子、三角音叉等都是属于打击乐器。

最后一类是**电子乐器**，电子乐器是乐器四大家族中最年轻的成员，它或者是在原来乐器的基础上加上电子扩音系统和音色变化装置，如电提琴、电吉他，或者直接用电子振荡器来组成音阶，如电子琴，就是利用这种方式使得电子乐器能够演奏出各种不同的音色。

延伸思考

在有两行以上的旋律或两个以上的音同时进行的音乐作品里，每行旋律或者每个音就叫作一个声部。我们知道，人声有男高音、男低音、女高音、女低音，这就是声部。

乐器演奏时也同样有声部的划分，分为高音、中音、次中音、低音。横笛、唢呐、二胡都属于高音乐器；中提琴、中音号往往承担中音声部的演奏；次中音号、次中音萨克斯、巴松常承担次中音声部的演奏；大提琴、大管、大号、定音鼓常承担低音部的演奏。

当然，乐器的声部并不是绝对的，就像男高音未必不能唱男低音一样，许多乐器也能演奏出低音、中音、高音的声部。

13. 可怕的“噪声病”

放暑假了，小北家楼上的空房子终于迎来了新主人。新来的邻居已经开始紧锣密鼓地进行装修了。

每天早上八点多，乒乒乓乓的敲打声就把想趁着假期赖会儿床的小北从床上逼起来。他无奈地起床洗漱，想要看会儿书，做做暑假作业，可是突突突的钻墙声360度无死角地包围着他，让他心烦意乱，根本没有办法静下心来。下午，小北想要放松一下。他打开客厅的电视机，把音量开得很大，但是电视节目的声音还是混杂在震耳欲聋的装修声中，若隐若现，大部分时间小北都得靠着台词看“哑剧”。直到下午四点多，爸爸妈妈下班前，楼上的装修声才停歇下来。

一开始，小北还能勉强忍受着，但一连几日惨遭魔音穿脑后，小北只想摔了笔，扔了书，砸了电视机。他在心里一遍遍咆哮着：装修声真是太可恶了！此时，细心的爸爸妈妈也发现了小北不对劲儿——晚上叫小北吃晚饭时，总要叫得很大声小北才能听见，小北晚饭吃得也比以前少了；小北的脾气变得越来越暴躁了，话说着说着就带上了一股火药味，妈妈关切地问：“小北，你最近怎么了，是不是遇到什么事了？”

“还不是楼上天天装修，吵得我什么事也干不好。”小北有些没好气地说。

“啊呀，我倒是忘了这事，楼上的邻居也是趁着大家出去上班的时间赶紧装修，哪里想到还有你这个放假在家的学生呢，只能多忍忍了。”妈妈叹了口气。

当医生的爸爸却严肃地说："不行，小北这样子怕是要得'噪声病'了，这可要不得，明天我上班时带小北去图书馆吧，下班了再接他回来。"

小北疑惑地问："'噪声病'这么可怕吗？"

爸爸摸了摸小北的头说："'噪声病'不仅会影响听力，还会对神经、心脏、胃肠道等组织器官产生不良影响，千万不能小瞧它！"

知识点

噪声的危害

噪声首先危害的自然是听觉系统，并且这是一个从功能性到器质性的损害过程，一般是从暂时性听阈位移到永久性听阈位移。也就是说，噪声对人体的伤害是从可逆的听力损伤到不可逆的听力损伤直至听力丧失。

噪声还会对神经系统、内分泌系统、心血管系统、消化系统、视觉系统都产生危害，还能够导致神经衰弱，体内多种激素分泌异常，心率脉搏加快，食欲下降，视力减退等。

除此之外，噪声还会影响睡眠，产生一系列心理问题，并对儿童的生长发育和女性的经期、妊娠都产生危害。

小北的爸爸妈妈叫小北吃饭要叫得很大声，这说明小北出现了听阈上升；小北晚饭吃得少了，这是噪声影响到了小北的消化系统，出现了胃口不佳的症状；小北脾气变得暴躁，和噪声对心理的危害关系较大。这些噪声的危害，就是“噪声病”。

延伸思考

为了更好地管理噪声污染，我们引入“分贝”对噪声进行划分。分贝是用于度量声音强度的单位，分贝的数值越大，声强就越高。因此，噪声的分贝越大，危害性就越高。

根据我国最新噪声标准，将城市五类环境噪声标准进行了如下规定：

类别	昼间	夜间
0 类	50 分贝	40 分贝
1 类	55 分贝	45 分贝
2 类	60 分贝	50 分贝
3 类	65 分贝	55 分贝
4 类	70 分贝	55 分贝

其中，夜间是指 22 时到次日 6 时，其余时间则为昼间。每种环境的噪声的最高值不得超过表格中的数值。

14. 为什么下雨天睡得更香

新学期，要上四年级的彩彩转到了新的学校。面对全新的环境和陌生的老师同学，彩彩一下子有很多地方不能适应，心里免不了有些焦虑。开学一周以来，彩彩总是睡得不太安稳，往常总爱赖床的她现在被爸爸妈妈一叫就起。即使是可以睡会儿懒觉的周末，她也会被外面的一些动静吵醒。

一个周五的夜晚，彩彩躺在床上望着天花板，外面忽然响起了滴滴答答的雨声。彩彩想起晚饭时电视机播报的天气预报提示今天夜里到明天下午持续有雨。彩彩叹了口气，心想：唉，外面这雨声响个不停，又该打搅我的好梦了。

第二天，彩彩醒来时，房间里暗沉沉的，外面果然滴答滴答地下着雨。她一边打着哈欠，一边迷迷糊糊地拿过床头柜上的手表一看——已经快 11 点了！彩彩吓了一跳，立马清醒过来。她跳下床打开窗户，清新的水气扑面而来，令人精神为之一爽。彩彩这才发觉，自己竟然睡了这一周以来难得的一个好觉。

彩彩很奇怪：雨声难道不是噪声吗？为什么她反而在下雨天睡得更香了？

知识点

什么是“白噪声”

噪声往往会让我们感到烦躁、不适，但是，有一种“噪声”，却能让我们听起来觉得很舒服，这种噪声就是**“白噪声”**。白噪声是一段在可听范围内频率均匀的声音，它的频率特性图接近一条直线。也就是说，白噪声中不会有非常突兀的声

音。在白噪声的作用下，许多突如其来的声音在音量小于白噪声时，通常会被白噪声掩盖，从而给人们提供一个相对稳定舒适的环境。

在自然界中，风吹过落叶的沙沙声、雨声、海浪拍打岩石的声音、高山流水的声音都属于白噪声。

延伸思考

在我们的生活中，无时不刻不充斥着各种噪声，如汽车的鸣笛声、孩童的哭闹声、狗叫声等，这些声音会在无形间对我们产生影响。在我们自身调节能力下降时，这些噪声甚至会导致人们睡眠质量下降、焦虑抑郁等一系列

心理生理问题。而科学家们研究发现，白噪声是一种很好的治疗手段，它可以过滤、分散、掩盖噪声，使人们处于平和、稳定的环境中，帮助人们放松心情，提高睡眠质量，有时还能掩饰耳鸣，减少耳鸣给人们带来的痛苦。

白噪声也经常应用于建筑学，人们使用持续低强度的噪声作为背景声音来减弱和分散建筑物内部的噪声。此外，白噪声也用于通信、频响测试、冲击响应等多个领域。

太有意思了！生活中的物理

③光学篇

高盈恺◎编著

航空工业出版社
北京

内容提要

《太有意思了！生活中的物理》是一套专门为小学生编写的趣味物理科普读物。将物理学知识融入到日常生活中，用通俗易懂的语言解析物理原理并做知识延伸，配有大量充满童趣的漫画，带领孩子们走进多彩的物理世界，收获无穷的启迪。

图书在版编目（CIP）数据

太有意思了！生活中的物理 . 光学篇 / 高盈恺编著 . -- 北京 : 航空工业出版社 , 2023.8

ISBN 978-7-5165-3399-4

Ⅰ . ①太… Ⅱ . ①高… Ⅲ . ①物理学 – 青少年读物②光学 – 青少年读物 Ⅳ . ① O4-49 ② O43-49

中国国家版本馆 CIP 数据核字 (2023) 第 117511 号

太有意思了！生活中的物理・光学篇

Tai youyisi le!Shenghuozhong de Wuli.Guangxue Pian

航空工业出版社出版发行

（北京市朝阳区京顺路 5 号曙光大厦 C 座四层　100028）

发行部电话：010-85672688　010-85672689

三河市越阳印务有限公司印刷　　全国各地新华书店经售

2023 年 8 月第 1 版　　2023 年 8 月第 1 次印刷

开本：787×1092　1/16　　字数：42 千字

印张：3.5　　定价：150.00 元（全 6 册）

Preface

前言

对于现在的孩子来说，学物理真的太重要了，新高考模式中物理已成首选科目，绝大多数高校的理工科专业对物理科目都有要求，可很多人又说物理非常“难学”。不想让孩子对物理“谈虎色变”，我们就要尽早培养他们对这门学科的兴趣，让他们发现物理也可以“很有意思”。

就拿学习光学知识来说，这本“有意思”的启蒙书就是非常好的选择，它用“接地气”的风格讲述了光学方方面面的知识，内容注重与孩子们生活实际相联系。无论是光的直线传播、光的反射、折射、干涉、衍射，还是形形色色的“光”，都和孩子熟悉的事物和现象直接挂钩，能够减少陌生感，激发好奇心。书中还配有很多充满趣味、画风生动的漫画，会让孩子在轻松快乐的阅读氛围中吸收有益的知识，并会深深爱上物理。

Contents

目录

01

与“光”一起做直线旅行

02

捉住被“反射”的光

03

好玩的“折射”游戏

04
揭开“光”的本质

05
颜色和看不见的光

Part 1

第一部分

与“光”一起做直线旅行

1. 枯坐井底的青蛙

从前有一只青蛙，他住在一口废井里，废井里有凉凉的、厚厚的淤泥，青蛙住得很舒服。每天闲来无事时，他就抬头看看天空。每次，青蛙看到的天空都是一个圆圆的圈。晴天时，这个圆圈是蓝色的，有时会有几朵白云；阴天时，这个圆圈是灰蒙蒙的，像一块磨花了的玻璃；夜晚，这个圆圈是黑色的，有时能看到几颗星星。青蛙看着这圆圆的天空，日复一日，夜复一夜，终于感到了无聊和空虚。

“这日子真是没劲极了，这天空是那么小，这景色是那么单调！”青蛙在井底大声抱怨着。

一天，一只偶然掠过井口的飞鸟听到了青蛙的抱怨，它停下来，落在井沿上，对井底的青蛙打招呼：“喂！朋友！天空这么大，我一辈子也飞不到它的尽头，你为什么还说天空小呢？”

青蛙说：“天空只有井口那么大，难道不小吗？”

小鸟说：“你真是一只井底之蛙，你不妨跳出井口来看看，就知道天空有多大，这个世界有多少美丽的景色了。”

青蛙听了，有些不相信，也有些心动，于是，他一鼓作气，跳出了井口。当他跳出井口，站在井边的草地上时，他看到了一眼望不到头的天空，大团大团的白云飘浮着，还有金灿灿的太阳是那么的耀眼；他看到身边野花遍地，蜂蝶翻飞，远处还有许多小动物在追逐游戏。青蛙惊讶得合不拢嘴：“原来外面的世界是这样的！可为什么我在井底从来看不到呢？”

知识点

光的直线传播

光在同种均匀介质中是沿直线传播的，这就是**光的直线传播**原理。空气就是一种均匀的介质，太阳的光芒普照万物，且都遵循光的直线传播原理。青蛙在井底时，认为天只有井口那么大，正是应用了光沿直线传播的原理，井口上方竖直的光沿直线

传播进入青蛙的眼睛，所以青蛙能看到的范围只有井口那么小。

想要对光的直线传播原理有更直观的认识，我们可以在夜间打个手电筒，就能比较清楚地看到手电筒射出的是一道笔直的光线，也可以观察车灯、路灯，车灯射出的是两条平行的光线，路灯射出的是一道斜向下的光线，这都说明光在同种均匀介质中是沿直线传播的。

延伸思考

能够发光而且正在发光的物体叫作光源。光源可以分为自然光源和人造光源。自然光源是能够自己发光的物体，如太阳、萤火虫、夜明珠，都属于自然光源；人造光源是随着人类文明的进步和科技的发展而制造出来的光源，如火把、蜡烛、电灯，都属于人造光源。

此外，光源还可以分为点光源和平行光源。点光源我们比较熟悉，如太阳、手电筒、蜡烛，都属于点光源；平行光源我们接触的相对少一些，大家耳熟能详的 LED 灯就是一个很典型的例子。

2. 照相背后的故事

美美的爸爸是一个摄影师，受爸爸的影响，美美也成了一个小摄影迷。每到周末，爸爸就会带着美美去捕捉大自然的美。

在爸爸的相机里，有一泻千里的瀑布，也有清清浅浅的小溪，有高大雄伟的山峰，也有一马平川的草原，当然，还有美美一家甜甜的笑容。

不过，拍照可不是个简单的活，为了拍出一张美丽的照片，美美的爸爸每次都要举着照相机好半天，一会儿拨弄着相机的伸缩镜头，一会儿扛着相机走近一点儿或者走远一点儿，就连按快门都有讲究，有时候按得快，有时候按得慢。

美美奇怪地问：“爸爸，为什么妈妈拍照时随便一按就好，您拍照却要费这么大的劲呀？”

爸爸笑着说：“照相背后有大学问，摄影是一门艺术，更是一门物理技术，每一张照片，都是由小孔成像的原理获得的。镜头的长度、相机离景物的距离、按快门的速度、光圈的大小，都能与小孔成像中的概念一一对应，这可是大有讲究呢！任何一项没有做好，就不能拍出令人满意的照片。”

知识点

“小孔成像”实验

要想知道如何拍出一张好照片，我们不妨先来做一个实验。

准备一支蜡烛，一张中心有一个小孔（直径约 3mm）的硬纸片，一张白纸。

在光线较暗的室内，将硬纸片立在桌上，点燃蜡烛，靠近小孔，将白纸放在小孔的另一面，此时，我们会看到白纸上出现了一个倒立的烛焰的像。蜡烛与小孔的距离不变时，移动白纸，白纸距离小孔越近，所成的像越小且亮；白纸距离小孔越远，所成的像越大且暗。白纸与小孔距离不变时，移动蜡烛，蜡烛距离小孔越近，所成的像越大且亮；蜡烛距离小孔越远，所成的像越小且暗。固定蜡烛、硬纸片、白纸，将硬纸片上的小孔稍稍扩大，白纸上的烛焰也随之变大。

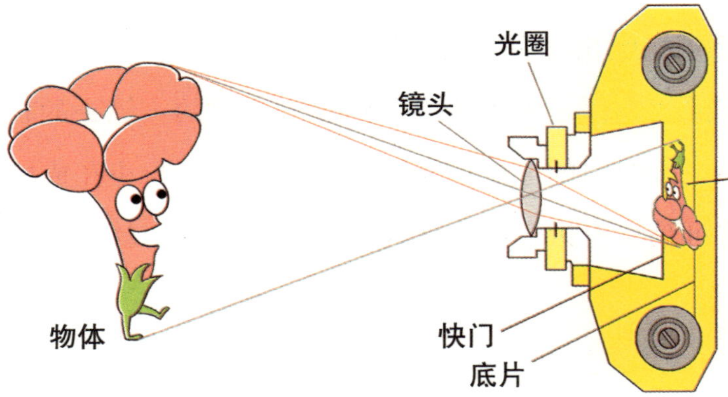

这个实验就是著名的**小孔成像实验**。它是光的直线传播原理的进一步体现。物体上部的光经过小孔投射到白纸的下部，物体下部的光投射到白纸的上部，如此便形成了一个上下颠倒、左右相反的像。

相机就是运用了小孔成像的原理，美美的爸爸拍的景物相当于点燃的蜡烛，是**物**；相机的镜头相当于硬纸片上的**小孔**，美美的爸爸按快门调光圈相当于在改变小孔的大小；储存在相机里的图像相当于白纸上的烛焰，是**像**；镜头的长度相当于硬纸片到白纸的距离，是**像距**，美美的爸爸调节镜头长度就是在改变像距；相机离景物的距离相当于蜡烛到硬纸片的距离，是**物距**，美美的爸爸走近、走远就是在改变物距。通过这些操作，最终得到清晰的照片。

像距不变时，物距越小，像越大且亮；物距不变时，像距越小，像越小且亮；像距和物距都不变，且在保证能成像的情况下，孔越大，像越大。

现在，你知道美美的爸爸是怎么拍出一张清晰且好看的照片了吗？

延伸思考

同学们，你们知道吗？其实我们每个人都有两个相机，那就是我们的眼睛。我们的眼睛也运用了小孔成像的原理来帮助我们看这个世界。

我们看到的物体离眼睛的距离是物距，我们的瞳孔是小孔，瞳孔到视网膜的距离是像距。我们的视网膜是成像用的“白纸”。当然，眼睛看到物体是一个复杂的过程，小孔成像仅仅是其中一部分。怎么样，我们的身体是不是很有趣呢？

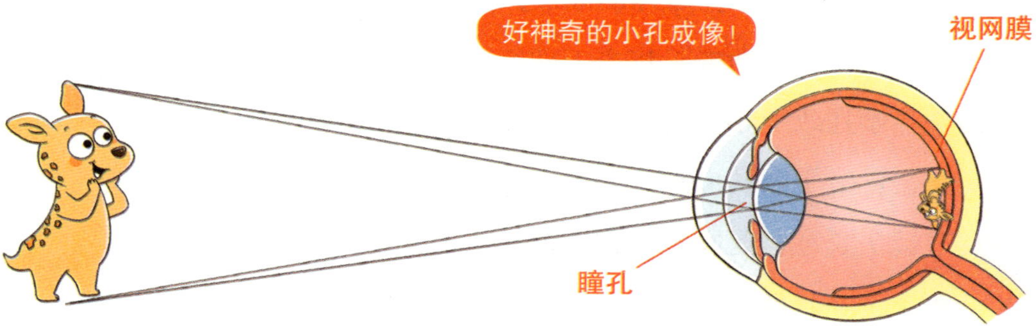

3. 停电后的“手影”游戏

晚上八点多，小杰家突然停电了，还好妈妈很快找来了手电筒，家里才恢复了一些光明。但离上床睡觉的时间还早，小杰觉得十分无聊，忍不住长吁短叹。爸爸灵机一动，想到了一个打发时间的好主意……

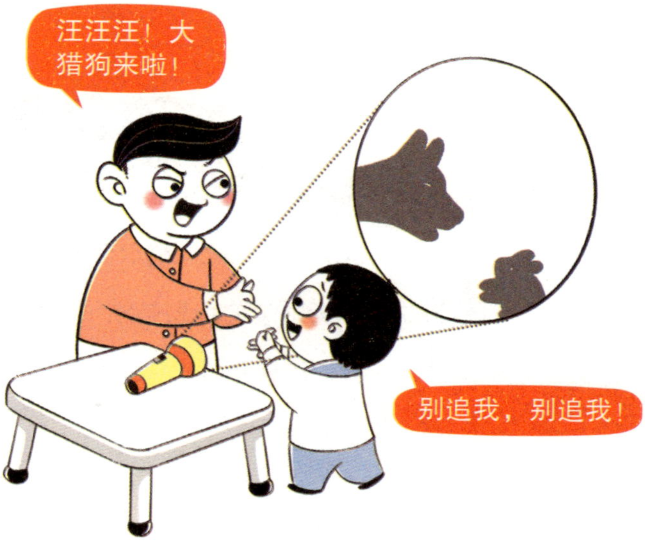

只见小杰的爸爸把手电筒平放在桌子中央，

让它的光线射到对面的白墙上，接着爸爸把左手的大拇指和食指圈在一起，做成“眼睛”的形状，另外三根手指高高竖起，光线照在爸爸的手上，白墙上就出现了一个鸟类的影子。“是孔雀，好像啊！”小杰高兴地喊。

在爸爸的启发下，小杰也加入到了这场“手影游戏”中，他摊开双手，将两个手掌对着自己，再用右手大拇指的背面去碰左手大拇指的背面，墙上就出现了“和平鸽”的造型……

可惜很快就来电了，小杰意犹未尽地停下来，但他却不由自主地思考起了这样的问题：“手影是怎么形成的呢？”

知识点

影子产生的条件

手影游戏能够成功，离不开三个必要的条件。第一是“光源”，也就是小杰家的手电筒，它能够持续、自主地发光；第二是“遮挡物”，通常是不透明或半透明的物体，这里的“遮挡物”是爸爸和小杰的双手；第三是“屏”，也就是影子产生的地方，像故事中的“白墙”就是一块比较理想的“屏”。

科学家告诉我们，光线在同种均匀介质（比如空气、水等）中是**沿直线传播**的，遇到“遮挡物”，光线无法穿过，就会在“屏”上形成较暗的区域，也就是我们所说的**“影子”**。

在生活中，我们走在太阳下面，就会看到自己的影子，它就像是个忠实的朋友，一直陪在我们身边，所以会有成语“形影不离”。影子还能为我们增添很多乐趣，像皮影戏、灯光秀等其实都有影子的作用在体现。

延伸思考

了解了影子产生的三个条件，我们可以来试试改变其中一个条件，看看影子有什么变化。

如果只调整光源倾斜的角度，我们会发现影子的长短发生了变化：倾斜角度越大，影子越长；倾斜角度越小，影子越短。

如果只改变遮挡物的位置，我们会发现影子的大小发生了变化：遮挡物离光源越近，影子越大；遮挡物离光源越远，影子越小。

在生活中，我们可以利用这样的规律让影子更好地为人们服务。比如，医生在做手术时，影子会影响医生的视线，可能造成医疗事故，所以手术室要用特殊的“无影灯”，“无影灯”的原理就是通过改变光源的数量、倾斜的角度，让影子变得足够短，从而达到淡化影子的目的。

Part 2

第二部分

捉住被“反射”的光

4. "猴子捞月亮"的背后

今晚，妈妈给贝贝讲的睡前故事是《猴子捞月》。一群猴子看到湖面上月亮的倒影，以为月亮掉进水里了，他们捞了半天也没捞上来，一抬头，才发现月亮还在天上好好地挂着呢！

这个有趣的故事伴着贝贝进入了梦乡。梦里，贝贝来到了一个湖边，看到一群猴子倒挂在湖旁的一棵老树上捞湖里的月亮。这不就是猴子捞月的场景吗？不行，我要帮帮可怜的猴子们，让他们别白费功夫了。贝贝这么想着，于是大声对猴子们喊道："喂！别捞了，月亮并没有掉到水里。"

最下面的小猴子听了，回答道："我们当然知道月亮没有掉进水里，只是今天的月亮特别漂亮，我们够不到天上的月亮，所以想留住水里的月亮。"

"可是，你们是捞不上来的啊！"

"你怎么知道我们捞不上来？"猴子们不再理会贝贝，专心地捞起月亮来。贝贝在一旁看得干着急，一下子从梦里醒了过来。

坐在床上的贝贝想起爸爸拍了很多张美丽的月亮照片。"要是能送给小猴子一张照片就好了。"贝贝自言自语着，突然疑惑起来：为什么照片能够保留下月亮的影像，水里的月亮却找不到它落在哪儿呢？

知识点

实像和虚像

水面上的月亮其实是一个**虚像**，而我们前面讲到小孔成像中的像是**实像**。实像是由实际光线会聚而成的像；虚像是由实际光线的**反向延长线**会聚而成的像。

光线到达水面

时，会被水面反射，反射光线也属于实际光线，水中的月亮是由反射光线的延长线会聚成的，是虚像。我们常用“镜花水月”来指代虚幻的事物，就是因为镜子、水面所成的像都是虚像。虚像虽然能被我们的眼睛看到，却不能显现在光屏上，所以显得虚无缥缈；而实像不仅能被我们的眼睛看到，还能显现在光屏上，我们就会觉得它真实多了。

延伸思考

水里的月亮的虚像把小猴子骗得团团转，其实我们的眼睛也常常被虚像欺骗。比如我们看到水里的鱼虾，其实看到的都是它们的虚像，如果我们对着看到的“鱼”的位置拿起渔网就开始捞，

肯定捞不到鱼，因为真正的鱼虾其实是在此虚像的正下方。再比如赫赫有名的海市蜃楼，也是虚像，不知有多少沙漠中的旅行者被它欺骗了。即便如此，虚像和实像在生活中都大有妙用。我们平时照镜子看到的就是虚像，而拍照、看电影，看到的都是实像。

5. 搞笑的哈哈镜

星期天，爸爸妈妈带冬冬去游乐场玩。游乐场的入口处放着一排亮晶晶的镜子，旁边有一块指示牌，写着：搞笑哈哈镜。

哈哈镜是什么，有什么特殊的呢？冬冬这么想着，往第一面镜子前一站——呀！不得了！冬冬发现镜子里的自己变得又矮又胖，真难看！冬冬赶紧往第二面镜子前走去，发现自己变得更矮更胖了，好像一个皮球。这还是我吗？冬冬摸摸自己的脸，又扯扯自己的衣服，看到镜子里的人和他做了一样的动作，才确信那个“皮球”就是自己。冬冬站到第三面镜子前，发现自己变得又高又瘦，和第二面镜子中的“皮球”判若两人。这可真有意思！冬冬赶紧向前面的镜子走去，发现有的镜子里自己是个大鼻子，有的镜子里自己是个小头娃娃，有的镜子里自己是七歪八扭的，真是各有不同。

冬冬看着一面面镜子中奇形怪状的自己，忍不住哈哈大笑，直到走到最后一面镜子前，才看到了复制粘贴版的自己，和今天在家里的穿衣镜中看到的一样。冬冬觉得搞笑的同时，不禁产生了疑问：为什么小小的镜子，能变出这么多花样呢？

知识点

镜子成像原理

镜子成像，最常见的是平面镜成像，就是物体反射到镜面上的光又反射到我们的眼睛里，我们顺着这些光线的反向延长线，就看到了平面镜中的虚像。平面镜成像，成的是正立、等大的虚像，所以冬冬会看到复制粘贴版的自己。

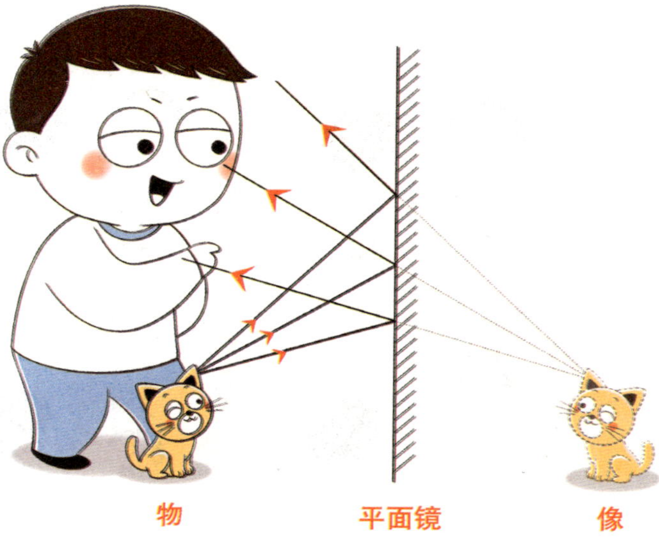

哈哈镜之所以能把人照得这么搞笑，是因为哈哈镜并不是平面镜。它的镜面凹凸不平，人站在哈哈镜前时，凹面镜会成正立、放大的虚像，凸面镜会成正立、缩小的虚像，这样，冬冬就看到或被放大，或被缩小，或是一部分被放大，一部分被缩小的自己了。

延伸思考

凹面镜和凸面镜成的像与平面镜不同，这是因为二者除了遵循光的反射外，还对光线有会聚和发散的作用。凹面镜对光线有会聚作用，能将平行光线会聚到一点，如利用凹面镜制成的太阳灶，能将会聚的太阳光用于烧水、做饭；凹面镜也能将从一点发出的光线反射成平行光，如手电筒、车灯等就是利用凹面镜将点光源发出的光线变成平行光照射出来。

而凸面镜正好相反，它对光线有发散作用，因此能够扩大人们的视野，常常用于汽车的后视镜、广角镜等。

6. 万花筒中的奇妙世界

六一儿童节这天，爸爸下班回家时给成成带了一个长长的圆纸筒，圆纸筒看起来很普通，一头有一个筒眼，一头是一块毛玻璃。

成成把玩着圆纸筒，好奇地问：“爸爸，这是什么啊？”

爸爸回答说：“这个呀，叫作万花筒，你别看它其貌不扬，里面可是大有乾坤呢！”

“真的吗？”成成立刻把万花筒举到眼前，从筒眼一瞧，发现里面有许多美丽的花朵，五彩斑斓，真是太漂亮了！万花筒的前端还可以转动，每转动一下，里面的图案都会变样，成成拿着万花筒时不时转上一下，爱不释手。直到妈妈叫他吃晚饭，他才恋恋不舍地放下万花筒。

饭桌上，成成的脑子里还盘旋着万花筒中丰富又美丽的图案，他忍不住问爸爸：“爸爸，万花筒里的奇妙世界是怎么产生的呀？”

爸爸说：“其实很简单，万花筒里面呀，是一个由三面镜子围成的三角体，叫作三棱镜，能变出这么多花样，多亏它不停地反射光线呢！”

知识点

光的反射

我们已经知道，光在同种均匀介质中是沿直线传播的，所以，当光从一种介质到达另一种介质表面时，有部分光会被界面反弹回原介质中，这种现象就是**光的反射**。光遇到桌面、水面，以及许多物体表面，都会发生反射，我们能够看到不发光的物体，就是因为物体表面反射的光进入了我们的眼睛。

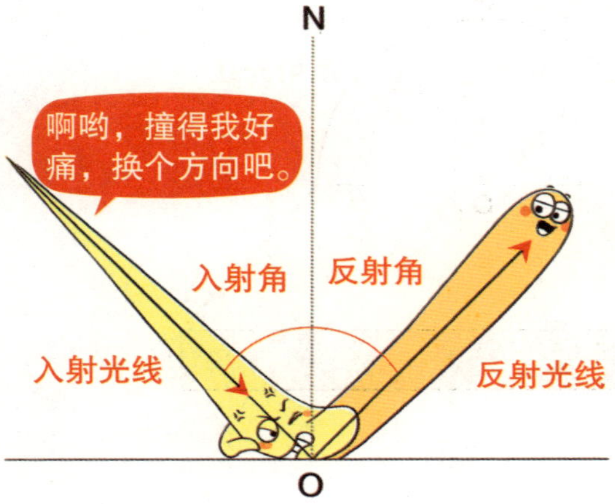

万花筒其实就是在中间放了一个三棱镜，一端放上一些干花、彩色碎玻璃等鲜艳的物体，这些物体反射的光射到三块镜面上，每一面镜子反射出去的光碰到其他镜面后又被反射，而每一次反射，镜面都会形成一个虚像，如此不断反射并形成虚像，最终当我们在另一端筒眼观察时，所有的虚像就组成了五彩斑斓的图案。而转动万花筒时，所放物体的排列顺序会被改变，并通过不断反射，又形成了新的图案。

延伸思考

光的反射当然也是要遵循一定的规律的，我们把它称为光的反射定律。

光被反弹的界面称为反射面，与反射面垂直的线称为法线。入射光线与法线的夹角称为入射角，反射光线与法线的夹角称为反射角。

光的反射定律即：1. 入射光线、反射光线、法线在同一平面；2. 入射光线、反射光线分别位于法线两侧；3. 入射角等于反射角。

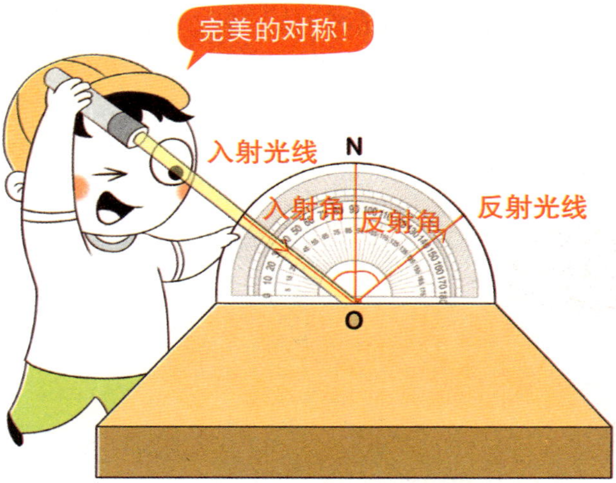

Part 3

第三部分

好玩的“折射”游戏

7. 筷子“折断了”

这天，科学课下课后，俞老师布置了一个小实验，叫作“折断的筷子”。俞老师请同学们回去把筷子插进装有清水的水杯里，看看会发生什么。

晓晓听着觉得很有意思，回到家，她立马找出一只干净的玻璃杯，倒上大半杯自来水，然后从厨房拿出一根筷子，插进了水里，筷子比水杯长很多，斜靠在水杯上，大约只有三分之一浸没在水里。此时，奇怪的事情发生了，晓晓看到浸没在水里的那部分筷子和露出水面的筷子不在一条直线上，水里的筷子好像偏移了一点儿——筷子真的被“折断”了！晓晓赶紧把筷子拿出来，筷子除了有点湿外，没有任何变化。

这可真是神奇，晓晓又找来铅笔、尺子、吸管等物品，一一放进水杯里，发现它们浸没在水中的部分无一例外都“折断”了，可是它们本身却都好好的。

这是怎么回事呢？晓晓百思不得其解，你能告诉她吗？

知识点

光的折射现象

筷子被折断，其实是因为光发生了折射。我们已经知道，光从一种介质射入另一种介质时，在两种介质的分界面上会发生反射，但其实，被反射的只是一部分光，还有一部分光会进入另一种介质。光从一种介质斜射入另一种介质时，传播方向会发生改变，因此光线在不同介质的交界面会发生偏折，这种现象就是**光的折射**。

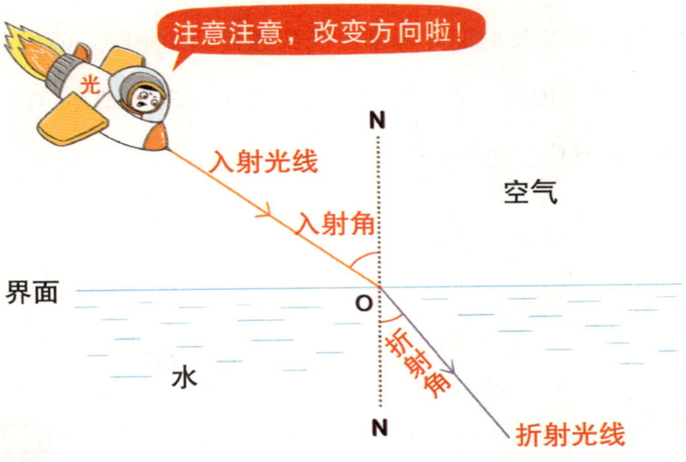

光从空气斜射入其他介质中时，折射光线向法线方向偏折，折射角小于入射角。当入射角增大时，折射角也增大；当入射角减小时，折射角也减小。光从空气垂直射入其他介质中时，传播方向不变。

筷子反射的光经过水面时，相当于光线从一种介质水到达了另一种介质空气，因此发生了折射。而我们眼睛看到的是折射光线的反向延长线会聚形成的虚像，并不是水中真实的那截筷子，所以，和空气中的那截筷子当然连不成一条直线，看起来好像是筷子被“折断”了一样。

延伸思考

我们已经知道，光从一种介质进入另一种介质时，会发生折射。但是，即使是在同一种介质中，如果介质疏密不均，光也会发生折射。奇妙的海市蜃楼的出现就是因为光在空气中发生了折射。

海市蜃楼通常发生在夏季的海面上。夏季气温高，靠近海面的空气受到海水的影响温度比较低，因而密度会比较大；上方的空气温度高，因而密度比较稀疏，远处景物反射的光本来不能到达我们的眼睛，但由于空气疏密不同，光线会在气温梯度分界处发生折射，逐渐偏转向地面，进入我们眼睛。我们看上去，就好像景物出现在了海平面上。

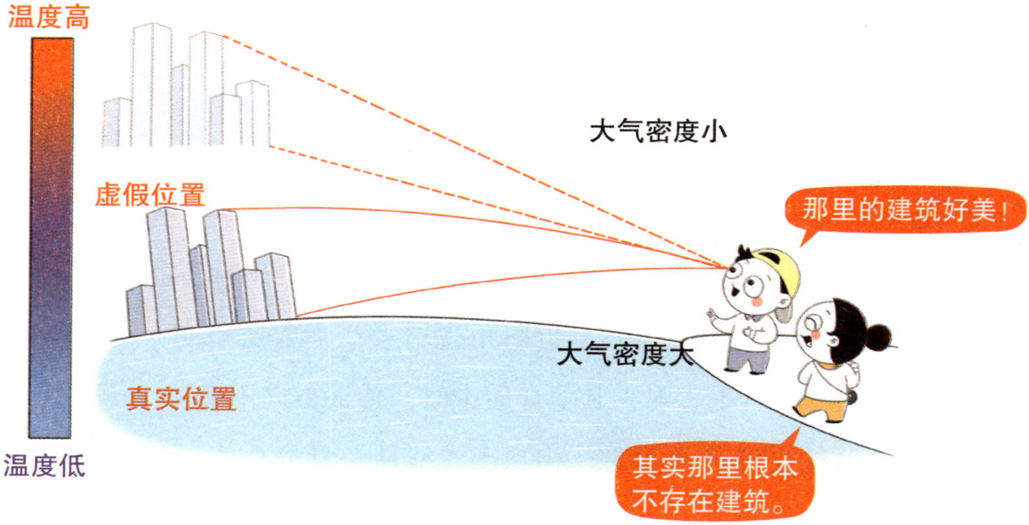

8. 放大镜的妙用

阿星最近刚看完《昆虫记》，就被昆虫世界深深地吸引了。他热衷于观察院子里的小蚂蚁，看蚂蚁齐心协力搬运大青虫，看蚂蚁忙忙碌碌地搬家，看蚂蚁交头接耳，都可以有不同的发现和乐趣。

可是，观察蚂蚁也的确是个辛苦的活。蚂蚁实在太小了，每次看小蚂蚁时，阿星都要蹲下身子，把头垂得很低，恨不得趴在地上，但又不能离得太近，生怕一呼气就把小蚂蚁吹跑了，还要瞪大眼睛，仔细追寻小蚂蚁的踪迹。阿星经常一看就是一两个小时，等从地上站起来后，腰酸背疼，眼睛也又酸又胀，浑身都不得劲儿。

这天，姥爷来家里做客，看到了在辛辛苦苦观察小蚂蚁的阿星，于是姥爷从口袋里掏出一个放大镜对阿星说：“阿星，姥爷平常看报用这个放大镜，报上的字就变大了，你不妨也试试看。”阿星接过放大镜，往眼下一放，果然，小蚂蚁们都变大了，连足上的细毛都能看得清清楚楚的。

放大镜真是太好用了，阿星高兴地想，不过，放大镜为什么能放大蚂蚁呢？

知识点

凸透镜成像的规律

放大镜其实是一个中间厚、边缘薄的镜片，我们把这样的镜片叫作**凸透镜**。凸透镜的两面镜片都相当于球面的一部分，每个球面都有一个球心，通过这两个球面球心的直线叫作**主光轴**。主光轴上有一个点，光线经过这个点传播方向不变，这个点叫作**光心**，用 O 表示。用而平行于主光轴的光线通过凸透镜后会会聚在主光轴上的一点，这个点是**焦点**，用 F 表示，二倍焦距处的点，用 P 表示。焦点到光心的距离称为**焦距**，用 f 表示。

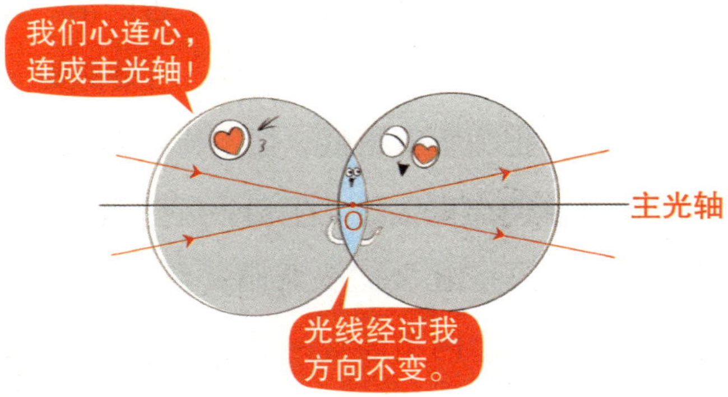

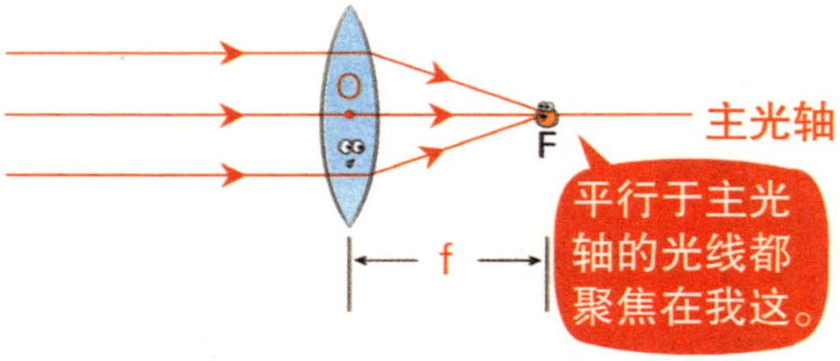

了解了这些基本概念，我们就可以去总结**凸透镜成像的规律**了！

我们使用照相机时，可以观察一下照相机的镜头，会发现它也是一个凸透镜。照相时，景物距离镜头比较远，我们最后拍出的照片也往往是缩小版的景物。这是因为当物距大于两倍焦距时，凸透镜成倒立、缩小的实像，经过相机的处理，才能把倒立的像转成正立的像。

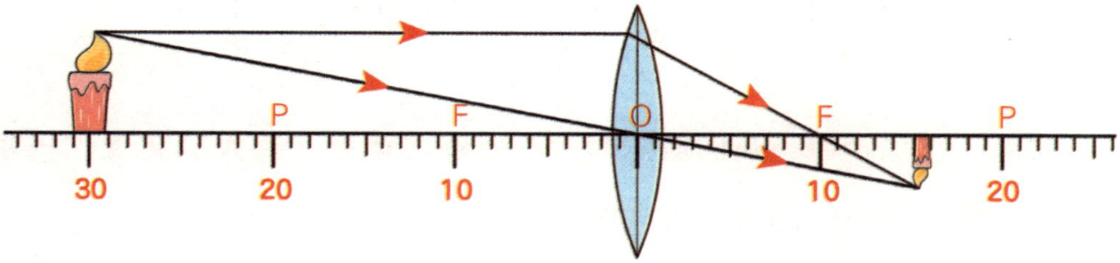

上课时，老师常常会使用投影仪，投影仪的镜头也是一块凸透镜，当投影仪投影时，能把小小的幻灯片放大很多倍投到白屏上，这是因为当物距小于两倍焦距且大于一倍焦距时，凸透镜成倒立、放大的实像。

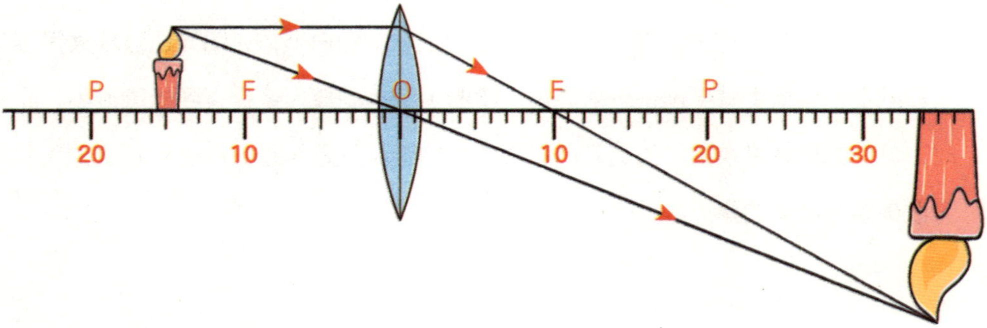

阿星和姥爷使用放大镜时，看到了一个正立、放大的像，这个像不能被光屏承接，是一个虚像。这说明当物距小于一倍焦距时，凸透镜成正立、放大的虚像。所以，我们使用放大镜时往往距离要观察的物体很近，这就是为了使物距小于一倍焦距。

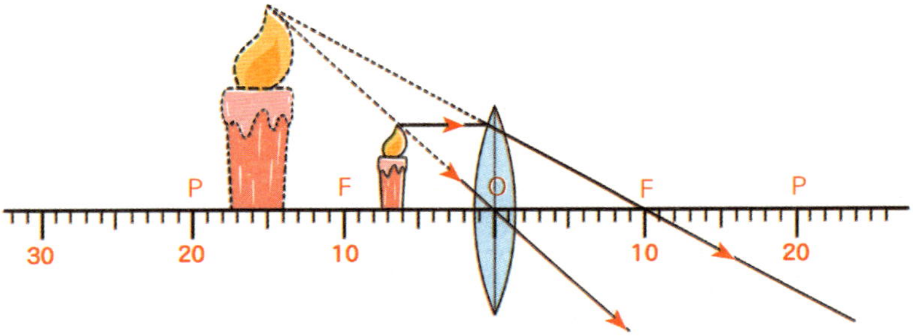

此外，当物距等于两倍焦距时，凸透镜成倒立、等大的实像；当物距等于一倍焦距时，凸透镜不成像。

延伸思考

我们发现，凸透镜的成像情况虽然多种多样，但都与其焦距密切相关。焦距是焦点到光心的距离，对于比较薄的凸透镜来说，光心就是它的中心，那我们怎么去找另一个十分重要的点——焦点呢？

我们可以先用放大镜做一个尝试。在地上放一张白纸，让阳光通过放大镜落在白纸上，白纸上就会出现一块光斑，不断上下移动放大镜，直到光斑最小。此时，这个光斑就是焦点，光斑到凸透镜中心的距离就是焦距。用这种方法，我们可以确定凸透镜的焦点。

9. 透过猫眼看门外

暑假的某一天，小清一个人在家待得正无聊，突然，门外传来了“咚咚咚——”的敲门声，小清刚要跑过去开门，突然想起妈妈每次上班前，都对她千叮咛万嘱咐，陌生人敲门千万不能开门，于是，小清又坐回了沙发上。可是，敲门声却不依不饶地响着，听得小清心烦意乱，小清想：万一，不是陌生人呢？小清犹犹豫豫地向门望去。

突然，小清发现了门上的猫眼，她想起每次有人敲门，爸爸都会先在猫眼上看一眼，然后，门还没开，爸爸就知道来的是谁了，不论是送外卖的、修空调的，还是姑姑或者阿姨来做客。是不是猫眼能够告诉我门外的是谁呀？小清这么想着。于是，她跑到门后，踮起脚尖，往猫眼里看去——呀！门外站着的不是奶奶吗？

小清赶紧开门把奶奶迎进来。原来，奶奶家院子里种的葡萄熟了，奶奶一大早赶紧摘了一篮给小清家送来尝尝鲜。

小清有些庆幸地想：幸好猫眼可以看到门外的情景，不然，要是害得奶奶白跑一趟，她心里可是会过意不去的。

知识点

凹透镜成像的规律

猫眼其实是由两块镜片组成的，一块是我们已经熟悉的凸透镜，另一块正好和凸透镜相反，是一块中间薄、两边厚的镜片，我们把这样的镜片叫作**凹透镜**。猫眼里，凹透镜的位置靠近门外，叫作物镜；凸透镜的位置靠近门内，叫作目镜。和凸透镜一样，凹透镜也是利用光的折射原理成像的，要揭秘猫眼，我们需要先了解**凹透镜的成像规律：如果物体是实物，不论物距与焦距的关系如何，凹透镜成正立、缩小的虚像。**

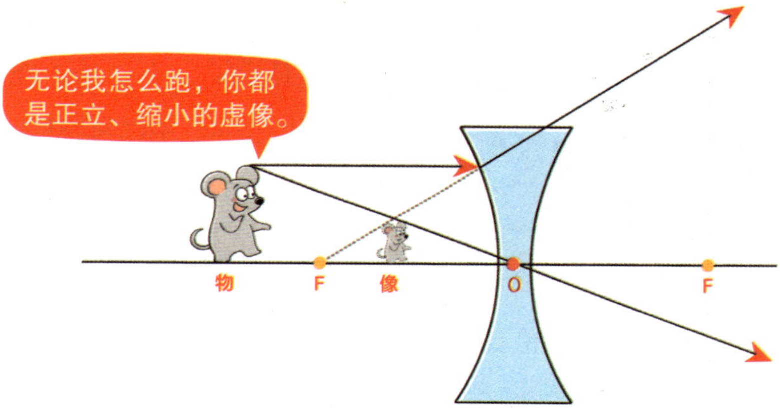

猫眼的凹透镜将门外的人或物在同侧形成一个正立、缩小的虚像，而这个虚像正好落在凸透镜的一倍焦距内，根据前面凸透镜成像的规律，凸透镜起到放大镜的作用，将这个虚像变成了一个放大的虚像，新形成的虚像正好落在人眼的明视距离内，门外的情况就被我们一收眼底啦！

延伸思考

凹透镜对光线具有发散作用，平行光线通过凹透镜后会被发散，发散的光线反向延长后通过焦点。近视是因为晶状体太厚或者眼轴拉长，把光线都聚焦在了视网膜前面，如果让光线先通过凹透镜进行一定的散射，再被晶状体折射，就能使光线聚焦在视网膜上了。

Part 4

第四部分

揭开“光”的本质

10. 相机上的“紫边”

暑假到了，柳柳特意让妈妈给她报了一个课外摄影班，想利用假期好好学习摄影，用手中的相机记录生活中的美。

上了几次课后，柳柳已经熟练地掌握了相机的用法，以及取景、构图等摄影的基本概念。柳柳也热情高涨，每天拿着家里的相机拍来拍去，还不辞辛劳地顶着烈日跑去附近的小公园，用柳柳的话说，自己是在“寻找大自然的美”。

这天下午，柳柳走在公园的林荫道上，微风吹来，脚下一地斑驳的树影引起了她的注意，她抬起头，看到明晃晃的阳光穿过树叶，这画面简单而美丽。这不就是光与影的艺术吗？柳柳激动极了，举起相机拍摄了不同角度的树叶，连照片都没来得及仔细回看就抱着相机跑回家了。

到了家中，柳柳兴冲冲地打开相机向爸爸妈妈展示自己的成果，却发现这些照片上的树叶都镀上了一层紫边，看起来有些怪异，这是怎么回事，难道相机坏了？柳柳又对着家具拍了几张照片，照片上干干净净的，哪儿有什么“紫边”？

看来相机没有问题，这可真让柳柳百思不得其解：照片上的“紫边”是怎么来的呢？

知识点

光的衍射现象

照片上“紫边”的产生，其实是光的衍射现象。光虽然是沿直线传播的，但是当光遇到小孔、窄缝、障碍物时，光能够偏离直线传播的路径而绕到障碍物的后面进行传播，这种现象叫作**光的衍射**。衍射现象的发生同样是因为光具有波动性。因此，光要发生衍射，**小孔、窄缝的宽度或者障碍物的尺寸必须与光的波长差不多或比光的波长小。**

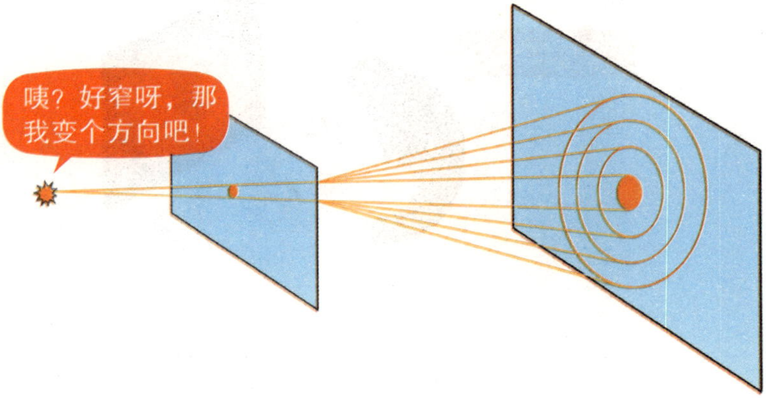

拍照时出现紫边，是因为物体的边缘不是平滑的，而是存在小的凹凸，这些凹凸就像一个个小孔，光穿过这些小孔时会发生衍射。白色的阳光是复合光，得到的衍射图案是彩色的，但因为相机的原因，最终只有紫色会被记录在底片上，就形成了“紫边”。若是阳光不够强，产生的衍射图案也会被弱化，而且相机无法记录，人眼就更看不到了，所以，“紫边”往往出现于强光通过的物体的边缘。

延伸思考

泊松光斑是由于光的衍射而产生的著名光学现象。当单色光照射在一定尺寸的小圆板或小圆珠上时，光屏上会出现明暗相间的同心圆衍射条纹，且在所有同心圆的圆心上会出现一个极小的光斑，这就是泊松光斑。泊松光斑的出现，是因为光通过圆板（或圆珠）边缘时发生了衍射。有趣的是，发现这个光斑的泊松最初是“光具有波动性”这一论点的反对者，但他找出的这个光斑却成了“波动说”的有力证据，于是，这个光斑就用泊松的名字命名了。

11. 精彩纷呈的 3D 电影

小山的科学小测得了 100 分，爸爸很高兴，决定奖励小山去看一场 3D 电影。班里很多同学都看过 3D 电影，听他们讲起看 3D 电影时奇妙的体验，小山十分羡慕和向往，现在，爸爸终于要带他去看 3D 电影啦！小山兴奋得早早就拉着爸爸去候场了。

终于，电影要开始了，进场时，工作人员给每位观众发了一副黑色的眼镜，小山也不例外，给他眼镜的叔叔还笑眯眯地对他说：“小朋友，记得要戴上眼镜看才有 3D 的效果哦！”

小山找到自己的位置坐下，戴好眼镜，期待地看着银屏。电影一开场，就出现了云雾缭绕的仙境，小山仿佛身临其境，那一缕缕云雾似乎就萦绕在小山身边，触手可及，美丽的仙子从云雾中走来，在小山身边翩翩起舞……到高潮时，恶魔和战神激烈地战斗着，恶魔孔武有力的拳头仿佛一下下打在小山身上，他甚至觉得有些隐隐作痛。这时，一个突如其来的拳头冲着小山的鼻梁打来，小

山吓了一跳，忍不住侧身一躲，这惊动了一旁的爸爸，爸爸轻声对小山说："小山，如果觉得有些紧张，就先把眼镜拿下来。"

眼镜？小山虽然觉得有些奇怪，还是抱着试试看的心态取下眼镜，这下子，原本似乎就在他身边的恶魔和战神都回到了银屏上，而且打斗的画面和字幕甚至有些模糊不清，小山又戴上了眼镜，看到恶魔的大拳头又往他身上袭来。还是这样刺激，小山想着，便再也没有取下眼镜。

直到电影散场，小山还沉浸在那些逼真的场景中，久久没回过神。当他终于回味过来时，想到影院里的种种，突然意识到，看来 3D 电影的神奇效果都在那副眼镜上，可是，那副看起来和墨镜一样普普通通的眼镜，为什么这么神奇呢？

知识点

光的偏振现象

其实，神奇的不是眼镜，而是光的偏振现象。我们已经知道光具有波动性，波动是振动的结果，因此，光必然是振动的。光的振动方向和传播方向垂直，这种现象叫作**光的偏振现象**。

自然光在垂直于光传播方向的平面上，沿各个方向都有振动。如果我们给光设置一道"栅栏"，此时，平面上沿其他方向振动的光都会被栅栏挡住，只有振动方向和"栅栏"的缝隙方向一致的光能够透过。我们把这种振动局限于某一方向的光叫作**偏振光**。"栅栏"的缝隙方向即是**透振方向**。

振动方向与缝隙方向不一致

振动方向与缝隙方向一致

3D 电影所用的眼镜叫作偏振眼镜，它就是利用特殊晶体制成一道“栅栏”，把自然光变成偏振光。3D 眼镜的两个镜片是和透振方向互相垂直的透振片，光通过水平透振镜片后变成只沿水平方向振动的偏振光，透过这个镜片，我们只能看到水平偏振方向的图像，同样，另一只眼只能看到竖直偏振方向的图像，这样，由于我们左右眼看到的画面不同，经过大脑处理后，就会产生立体感。

延伸思考

偏振现象是横波才具有的现象。根据光的偏振现象，我们可以得出光是横波的结论。那么，什么是横波？什么是纵波？它们又有什么区别呢？

横波是振动方向与波的传播方向垂直的波，就比如我们握住绳子的一端上下抖动绳子时，绳子的传播方向是向前的，而振动方向是上下的，两者是垂直的，这就是横波。横波有波峰、波谷之分。在生活中，水波、光波、电磁波都是横波。

纵波是振动方向与波的传播方向平行的波，如我们用手拉开一端固定的弹簧，此时，弹簧的传播方向是我们手移动的方向，弹簧的振动方向也是我们手移动的方向，两者是一致的，这就是纵波。正因为纵波具有这样的特点，所以纵波没有偏振现象。没有“栅栏”可以挡住纵波，它总能从“栅栏”的缝隙中通过。纵波没有波峰和波谷，只有疏部和密部。生活中，声波、地震波，就是典型的纵波。

12. 锋利无比的“光刀”

阿鱼的爸爸是一名教师，平时，他的公文包里总会放着几只激光笔，以便上课时给学生们指 PPT 用。阿鱼对这些红红绿绿发着不同光点的笔十分感兴趣，趁爸爸不注意，偷偷拿出一支，东边照照，西边点点，玩得不亦乐乎。

哥哥进屋看到这一幕，赶紧阻止阿鱼：“阿鱼，激光笔可不能乱玩，快放回去！”

阿鱼正玩得起劲，被哥哥一打扰，有些不高兴，于是不以为然地说：

“激光笔有什么要紧的，不就像个小手电筒一样吗？”

哥哥一听连连摇头，说：“激光虽然是光，但威力可大了，可以说，它是一把锋利无比的‘光刀’，就是那些削铁如泥的宝剑都比不上它。”

阿鱼满脸的不相信，说：“哥哥，你这是危言耸听还是小题大做呀，有这么夸张吗？”

哥哥语气变得严肃起来，说：“你还记得去年奶奶做的白内障手术和堂姐做的近视手术吗？那都是用激光来切口的。小叔叔在工厂做焊接工，每天都要用激光把汽车零件焊接起来，你说，这把‘光刀’厉害不厉害？虽然激光笔的强度稍微低一些，但一个不小心，也能把你照瞎喽！”

阿鱼惊讶地说：“这把‘光刀’真是锋利啊！”

知识点

激光的应用

激光是原子受激辐射产生的光，本质是光子束，其中的光子光学特性高度一致，因此，激光相比普通光源具有单色性、方向性好、亮度高、能量高的特点。

因为激光的这些特点，所以激光的应用领域十分广阔，它涵盖工业、医学、军事、通信等多个领域。在工业上，激光用于切割、焊接、打孔……；在医学上，激光用于美容、治疗近视，激光已经成为医生手中新的“手术刀”；在军事上，有不少武器就应用了激光，因此激光的威力更是可见一斑了。

延伸思考

从光的干涉、衍射、偏振现象，我们已经知道，光具有波动性，而激光却与这三者不同，激光进一步展现了光沿直线传播的规律，是光的粒子性的体现。事实上，光的本质就是波粒二象性，即光既具有波动性，又具有粒子性。

Part 5

第五部分

颜色和看不见的光

13. 看透白光的秘密

上课铃声响了，科学老师李老师踏着铃声走进五（3）班的教室。她走上讲台，对同学们笑眯眯地说："同学们，今天我们来玩一场揭秘游戏。"

同学们都跃跃欲试地问："李老师，我们要揭秘什么呀？"

李老师说："我们要揭秘的这个对象呀，最常见不过，它就在我们身边，每天都陪伴着我们。因为有了它，我们才能看清书本和黑板上的字；因为有了它，走夜路的行人才能看清障碍物；因为有了它，我们才能看到美丽的世界。同学们说说，它是谁呀？"

同学们异口同声地回答："光！"

"对了！不过，准确一点说，我们今天要揭秘的是白光的秘密。我们教室的日光灯，照明手电筒的光，还有太阳光，都是白光。"

同学们疑惑极了："李老师，白光有什么秘密呢？"

"要说白光的秘密，可真不小。"李老师一边说，一边打开一个手电筒，然后又拿起一面三棱镜。她让手电筒的光照射到三棱镜上，然后将三棱镜折射的光投在对面的墙壁上，这时，大家看到雪白的墙壁上出现了一小片彩色光带，有红橙黄绿蓝靛紫七种颜色，美丽极了！

原来这就是白光的秘密，看起来单调的白光竟然藏着这么多颜色。同学们兴奋地问李老师："李老师，这是怎么回事呀？"

知识点

光的色散

白光通过三棱镜后，被分解成七种不同颜色的光的现象，叫作**光的色散**。我们看到光的颜色不同，其实是因为光振动的频率不同，只有一种频率的光是**单色光**，

由两种或两种以上频率的光组成的光，是**复色光**。

白光就是复色光，当白光通过三棱镜时，**三棱镜对不同频率的光的折射率不同，**通过光镜后，不同频率的光偏折度也就不同。这样，三棱镜就将不同频率的光分开，产生了光的色散。而白光被分解得到的七色光按照一定的顺序排列，我们把它叫作白光的可见光谱。

延伸思考

生活中，美丽的彩虹就是光的色散现象。我们都知道，彩虹总是出现在雨过天晴之后，这是因为下雨后，空中飘浮着很多小水珠，这些小水珠就像一面面三棱镜，阳光照到这些小水珠上，就会被小水珠折射，发生色散，形成美丽的彩虹，空气中飘浮的小水滴体积越大，形成的彩虹就越鲜艳明亮。

14. 皮肤的“杀手”

夏天到了，妈妈每次出门前都要“全副武装”——涂防晒霜、穿防晒服、戴遮阳帽，有时还会再带把遮阳伞。妈妈告诉灵灵：“夏天到了，紫外线也变强了，出门一定要做好防晒工作，不然，不仅会被晒成包公，还会产生很多皮肤问题。”

灵灵却嫌防晒太过麻烦，尤其是外面已经很热了，穿着裙子还出汗呢，再穿上防晒衣，岂不是要热死了？所以灵灵对妈妈的话左耳朵进右耳朵出，经常随随便便扣顶棒球帽就出门去了，她还振振有词地告诉妈妈：“我要晒出健康的小麦色！”

一天，妈妈带灵灵去商场买衣服，灵灵看中了一条粉色的公主裙，一试穿，以往最衬她雪白皮肤的粉色，如今却把她衬得黑了。母女俩站

在穿衣镜前，灵灵震惊地发现，她竟然比妈妈黑了好多，妈妈的脸还是白白净净的，她的脸却能隐隐看到一些黑斑。看到灵灵又惊讶又沮丧的样子，妈妈心知肚明，对灵灵说："你看，不听老人言，吃亏在眼前，现在知道防晒的重要性了吧！"

灵灵点点头，一边暗暗下定决心以后要好好防晒，一边有些愤愤地想：这个皮肤"杀手"究竟是什么，看不见摸不着的，却这么厉害！

知识点

紫外线的应用

紫外线也是一种不可见光，自然界的紫外线光源主要是太阳，因此，阳光强烈时，紫外线强度也会变大。当紫外线较强时，就会伤害我们的皮肤，导致黑斑、老化、变皱等一系列皮肤问题。

但是，紫外线给人类带来的可不全是坏处，也有很多的益处。比如，适当的照射紫外线，能促进人体合成维生素D，防止缺钙，也能提高人体的免疫力。此外，紫外线还有杀菌的作用，在医疗领域，紫外线常用来灭菌、保健。除了医疗领域，紫外线也在化学、工业、生物等多个领域贡献了自己的力量。

延伸思考

自然界中的紫外线主要来自太阳光，不过，太阳辐射出的紫外线比最终到达地球表面的紫外线要多的多，之所以地球表面的紫外线能够控制在一个合适的范围，臭氧层居功至伟。臭氧层能够吸收太阳光中绝大部分的紫外线，保护地球上的生物免受紫外线的伤害。同时，臭氧层还能将吸收的紫外线转变成热能加热大气，起到保温作用。

但是，科学家们观察到，臭氧层正在被破坏，臭氧浓度在不断减低，在南极上空，还出现了臭氧空洞，这意味着臭氧层对紫外线的吸收作用减弱，将有更多紫外线到达地球表面，给地球上的生物带来威胁。臭氧空洞产生的原因与人类活动息息相关，尤其是制冷剂氟利昂的广泛使用。因此，大家平时开空调时一定不要把温度调得太低，把空调的温度调高一度，就是为保护臭氧贡献一份自己的力量！

15. 照出骨骼“造型”

下午上体育课时，晨晨在踢球的过程中不小心摔了一跤。起初，他并没有太在意，没想到到了放学时，左脚踝变得又红又肿又痛，走路也不利索了，一瘸一拐的。晨晨狼狈的样子把来接他回家的妈妈吓了一跳，当即要带他去医院拍个 X 光片，并打了个电话告诉家里的奶奶晚点儿回家吃饭。

电话里，奶奶听到晨晨摔伤了很是心疼，却有点儿不愿意让晨晨去拍片子，说拍片子就是“吃射线”。不过，妈妈还是果断地带着晨晨去了医院。路上，晨晨好奇地问妈妈：“X 光是什么？为什么奶奶说有射线？”妈妈说：“X 光就是 X 射线，它能照出骨骼的形状，拍个 X 光片，就能看出脚踝是不是骨折了。”

晨晨的拍片结果很快就出来了，医生拿着他的 X 光片对着灯光仔细看了看，说："骨头没伤到，没什么大问题。"妈妈松了口气，对医生道谢："这样我们就放心了，谢谢您！"

回到家，晨晨又好奇地拿出自己的片子，看到一张黑白分明的图像，白色的部分正是他的左脚，其中最白的部分就是骨骼，根根分明，十分清晰。晨晨感叹道："原来我左脚的骨头是这么个造型，X 射线可真厉害，竟然能透过我的皮肤拍出骨头！"

知识点

X 射线的应用

X 射线是一种不可见光，它的频率极高，波长极短，能量极大，具有很强的穿透性。由于人体不同组织的密度和厚度不同，所以对 X 射线的吸收量也不同。当 X 射线穿过人体时，组织的密度（或厚度）越大，对 X 射线的吸收量就越大，到达胶片上的 X 射线量就越少，在荧光效应和感光效应的曝光作用下，表现在 X 光片上就呈白色。我们骨骼的密度最大，对 X 射线的吸收量也最大，因此，骨

骼的部位往往是 X 光片上最白最亮的部分。

医学上常用 X 光片来检查骨骼，另一种常用的检查手段 CT 也是应用了 X 射线对人体进行扫描，根据透过的 X 射线进行成像。X 射线有极强的穿透力，除了在医学领域有广泛应用外，在工业领域也常用 X 射线检查金属部件是否存在瑕疵。地铁、高铁、机场等公共场合的安检，也是用 X 射线来检测包中是否有危险物品。

延伸思考

X 射线具有电离辐射，而且射线剂量能够在体内积累，当积累到一定剂量时会导致细胞生长抑制、损伤，甚至坏死，尤其是对增殖能力强的细胞伤害更加明显。因此，我们要减少在 X 射线下的曝光次数，对于必须面对 X 线曝光的专业人员，做好防护尤为重要。

铅能够有效地减少甚至消除 X 射线的辐射，因此，需要接触 X 射线的医护人员往往会穿铅衣、铅裙等进行防护，在工业上，也会用铅房、铅玻璃来对 X 射线进行屏蔽。

太有意思了！生活中的物理

4 热学篇

高盈恺◎编著

航空工业出版社
北京

内容提要

《太有意思了！生活中的物理》是一套专门为小学生编写的趣味物理科普读物。将物理学知识融入到日常生活中，用通俗易懂的语言解析物理原理并做知识延伸，配有大量充满童趣的漫画，带领孩子们走进多彩的物理世界，收获无穷的启迪。

图书在版编目（CIP）数据

太有意思了！生活中的物理 . 热学篇 / 高盈恺编著
. -- 北京 : 航空工业出版社 , 2023.8
ISBN 978-7-5165-3399-4

Ⅰ . ①太… Ⅱ . ①高… Ⅲ . ①物理学 – 青少年读物②热学 – 青少年读物 Ⅳ . ① O4-49 ② O551-49

中国国家版本馆 CIP 数据核字 (2023) 第 117510 号

太有意思了！生活中的物理 • 热学篇
Tai youyisi le!Shenghuozhong de Wuli.Rexue Pian

航空工业出版社出版发行
（北京市朝阳区京顺路 5 号曙光大厦 C 座四层　100028）
发行部电话：010-85672688　010-85672689

三河市越阳印务有限公司印刷　　全国各地新华书店经售
2023 年 8 月第 1 版　　2023 年 8 月第 1 次印刷
开本：787×1092　1/16　　字数：42 千字
印张：3.5　　定价：150.00 元（全 6 册）

Preface

前言

在我们的生活中，有着各种各样的热现象，它们看似普通，但在细细思索之下会让人有一种欲罢不能的感觉。开水沸腾时为什么会冒出大量的水蒸气？冬天屋檐下为什么会挂着长长的冰柱？易拉罐被拿出冰箱后，外壁为什么会有小水滴？灯泡里的钨丝为什么会越用越细……

这些现象的背后，藏着物理学中关于“热”的知识，而本书就将从种种热现象入手，带孩子们一起领略物理世界的奇妙之处，使他们能够在不知不觉中掌握液化、汽化、升华、凝华、热传导、热辐射、热对流、热胀冷缩等物理学概念，并对学习物理知识、揭开物理之谜产生浓厚的兴趣。本书通俗易懂，漫画生动有趣，符合孩子们的阅读习惯，内容既引人入胜，又巧妙地和物理知识点相互联系，给孩子们带来不一样的阅读体验。

Contents

目录

01

变化多端的“物态”

02

“热”和“能”的游戏

03

大自然的魔术师——温度

Part 1

第一部分

变化多端的“物态”

1. 流淌的“烛泪”

教师节到了，学校的宣传栏里换上了各种感恩老师的主题作品，走廊上也贴上了赞美老师的标语，其中，最多见的就是耳熟能详的“春蚕到死丝方尽，蜡炬成灰泪始干”。

小贺是一个热爱科学、善于思考的孩子。看到这些诗句，他心里产生了一个疑问：蜡烛真的要到烧成灰才能“泪始干”吗？

小贺决定试验一下。回到家，小贺翻找出一支手掌长度的蜡烛，把蜡烛插在烛台上，用打火机点燃，然后坐在一旁静静地观察着。很快，烛焰四周的蜡烛就开始慢慢变软，然后变成淡黄色的油一滴一滴往下淌，看起来就像蜡烛在落泪一样。烛焰不停地燃烧着，烛泪也不停地流淌着，好像总也流不完似的，同时，蜡烛随着自身的燃烧变得越来越短，越来越小。最后，烛焰终于燃到了底部，蜡烛熄灭了，只剩下烛台上的一汪蜡烛油。

小贺感叹道：“古人观察得真是太细致了，这么寻常的物理现象也能融入诗句，蜡烛这种燃烧自己，照亮他人的品质，也真的和无私奉献的老师很像啊！”

知识点

熔化现象

蜡烛流烛泪是一种**熔化**现象，熔化是物质从固态变成液态的一种现象。熔化的过程需要吸收热量，是一个吸热过程。

物质从固态变成液态的最低温度称为熔点。不过，只有结构单位按一定规则有序排列的物质才具有熔点，这种物质叫作晶体。晶体熔化的条件是：1. 温度达到熔点；2. 达到熔点后继续加热。晶体在达到熔点后才开始熔化，我们常说“真金不怕火炼”，就是因为金是一种晶体，它的熔点很高，普通加热达不到它的熔点，因此它不会熔化。晶体在熔化过程中，温度不再上升，但仍要持续吸热。非晶体不具有熔点，在熔化过程中温度会持续上升。

蜡烛是非晶体，燃烧后会释放热量使固体蜡烛熔化。熔化的蜡烛又能够为烛焰的燃烧提供燃料，使蜡烛继续燃烧，蜡烛持续熔化。如此循环，只要烛焰不灭，蜡烛就会一直熔化变成蜡油。由于蜡油滴落时很像流泪，所以被我们叫作“烛泪”。

延伸思考

熔化和溶化都属于物理变化，其本质都是物体状态的变化。熔化的过程是物体从固态变为液态的过程，这个过程需要对物体进行加热。溶化的过程是固体在液体中的溶解过程，这个过程不需要加热，但必须要有液体，如糖在水里溶化。融化特指冰或雪变成水的现象，更多地被使用在文学中。

2. 房檐上的冰凌柱

芦芦是一个在北方长大的孩子，在他的家乡每年到十月份的时候，气温就早早地下降了，到了十一二月，漫天大雪更是一场接着一场，而这些雪则厚厚地积在屋顶上。即使是晴天，那里的气温也依然很低，使得河水都结冰了。不过，天晴时，阳光照在积雪上，屋顶上的雪就会慢慢融化，变成雪水顺着屋檐往下流淌，但是由于那里的气温低，所以很快就会在房檐下挂上一排参差不齐的冰凌柱。

冰凌柱上粗下细，看起来晶莹剔透，好像一把把利剑悬挂在屋檐上，在阳光下闪闪发光。每天早上，爸爸妈妈都会把房檐上的冰凌柱敲下来，芦芦就拿着这些被敲下来的冰凌柱在院子里挥舞。到了下午，敲下来的冰凌柱早就融化了，但房檐上又会出现新的冰凌柱，芦芦就站在房檐下看着冰凌柱一点点变长。这可真是有意思极了！

你知道冰凌柱是怎么形成的吗？为什么它还会变长呢？

知识点

凝固现象

冰凌柱的形成其实是一种**凝固现象**，物质从液态变成固态的现象叫作凝固。凝固时需要放热。

凝固是熔化的逆过程，因此，和熔化一样，晶体有一个固定的凝固温度，这个固定的凝固温度就是晶体的凝固点。当温度下降到凝固点时，晶体开始凝固，此时，晶体的温度不再发生变化，但仍要继续放热。非晶体没有固定的凝固温度，在凝固过程中，温度不断下降，放热也始终持续。在生活中，水变成冰、肉汤上的油变成白色的油脂，都是凝固现象。

有趣的是，晶体的凝固点就是它的熔点。

冬天，阳光照射在屋顶的积雪上，使积雪融化，变成雪水，雪水顺着屋檐往下流，此时因为气温很低，使水的温度到达了水的凝固点 0℃，雪水顺着冰凌柱往下流，并不断凝固成冰。这样，就逐渐形成了上粗下细的冰凌柱，只要不断有雪水往下流，冰凌柱就会越来越长，越来越粗。

延伸思考

凝固是一个放热的过程，人们对于凝固现象的应用主要就是利用物质凝固时释放的热量。

北方的冬天，人们往往会在地窖里放上几桶水。水在凝固过程中释放热量，使得储存在地窖里的菜不容易被冻坏。

除了凝固放热可以被利用外，凝固本身就能发挥很多作用。我们知道液体的流动性要比固体大很多，因此，在物质处于液态时，我们可以将它们放在模具里，这样，物质凝固后就能变成我们想要的形状了，如熔化的铁水、液态的蜡，倒进模具后就能制作出许多不同形状的物体。

3. 雾蒙蒙的眼镜片

小希有一双漂亮的大眼睛，可是她不知道保护视力，经常在光线暗的地方看书，还长时间玩手机，导致她的视力越来越差，上课都看不清楚黑板了。没办法，妈妈只好带她去医院配了一副眼镜。

刚戴上眼镜的时候，小希觉得整个世界都变得清晰了，心里美滋滋的。可没过多久，她就发现戴眼镜有太多的不便。

最近刚刚入冬，小希经常遇到眼镜片起雾的问题。每次从寒冷的室外走到温暖的室内，眼镜片就会变得雾蒙蒙的；有时候戴上口罩呼吸一会儿，眼镜片上也会起雾；还有喝热水、吃火锅的时候，视线也都会被“雾”遮挡。而每当眼镜片上起“雾”，小希就不得不把眼镜摘下来，一遍又一遍地擦拭。

“早知道会这样，我一定会好好保护眼睛”，小希后悔极了，她很想知道有没有什么好办法能够解决眼镜片起雾的问题，你能帮帮她吗？

知识点

液化现象

眼镜片起雾是物理中的**“液化现象”**。液化，就是**物质从气体状态转变为液体状态**的一种现象。冬天室外非常寒冷，室内却比较温暖，戴眼镜的人从室外来到室内，室内湿润的热空气遇到冰冷的眼镜片，就会在镜片上迅速降温，从而液化形成一层细密的小水滴，让眼镜片变得雾蒙蒙的，使人无法看清东西。同样，喝热水、吃火锅的时候，热气遇到眼镜片也会发生“液化”，导致眼镜片起雾。

至于戴口罩的时候眼镜片会起雾，是因为口罩密封性不强，呼吸产生的热气从口罩上方的空隙“跑”出来，再和冰凉的镜片接触，就会发生“液化”。为了避免这种情况，佩戴口罩时要压紧口罩边缘的金属条，增强其密封性。

有人说，可以在眼镜片两面涂抹一些肥皂水，再用眼镜布把镜片擦干净，这样镜片上就会留下一层薄而透明的“膜”，这层“膜”可以有效防止水分子附着眼镜片上，也就不容易起雾了。这种方法虽然有效，但专家认为这样做会损坏眼镜片的膜层，导致眼镜片的使用寿命缩短。

延伸思考

想要实现气体的液化，有两种办法：第一种办法是降低气体的温度，像眼镜片起雾就属于这一种；第二种办法是增大压强，即压缩气体的体积，家里用的液化气就属于这一种。通过液化，气体的体积会缩小到原来的几千分之一，再储存在钢瓶里，存储和运输都会变得非常方便。但也正是因为如此，

如果钢瓶漏气，泄露的液化气的浓度很高，一接触到火花，就容易发生明火和爆炸。

不过，每种气体都有一个特殊的“临界温度”，如果气体温度超过临界温度，那么无论怎样增大压强，气体都不会液化。像氧气、氢气、氮气的临界温度就很低，想要让它们液化，要先将它们进行深度冷却，再增大压强，才能达到液化的目的。而乙醚、氯气等的临界温度较高，在常温下加压就可以使它们液化。

4. 为什么衣服展开晾干得快

晚上，妈妈正在房间里叠衣服，突然发现少了小彤的格子衬衣，于是妈妈对小彤说道：“小彤，早上你晾衣服的时候，看到你的格子衬衣没？”

在书房看书的小彤放下书跑过来，回想了一下说：“没有看到啊？”

“怎么会，我早上洗衣服的时候明明洗到它了。”妈妈疑惑地说。

于是，母女俩一起走到阳台上，在洗衣机里找到了小彤的格子衬衫。原来用洗衣机将衣服脱水后，格子衬衫贴在了筒壁上，被晾衣服的小彤忽略了。

妈妈又好气又好笑，一边把衣服从洗衣机里拿出来，一边对小彤唠叨：“小彤，你可真是个大马虎，这么大一件衣服都没看着，在里面放着可别发霉了。”

小彤有些不好意思，勉强争辩道：“都是同一批洗好的衣服，晾在衣架上的都干了，这件格子衬衫应该也差不多了吧？怎么会发霉呢？”

妈妈把衣服递给小彤，说：“喏，你自己看看吧！衣服要展开晾才干得快啊！”

小彤摸了摸自己的格子衬衫，果然湿湿的、潮潮的。小彤一边把衣服抖开往衣架上挂，一边说：“我一直以为把衣服展开晾只是防止它变皱，原来还能让它快点儿干啊！怪不得妈妈每次洗好衣服都急着晾呢！可是，这是为什么呢？”

你能告诉小彤原因吗？

知识点

蒸发现象

衣服晾干的过程其实是衣服上的水**蒸发**的过程，蒸发是**物体从液态**

转化为气态的一种现象。衣服中的水变成气态的水蒸气后，衣服就晾干了。

蒸发的快慢与液体的温度、液体的表面积、液体表面上方空气的流动速度有关。液体的温度越高，蒸发越快，因此夏天的湿毛巾、湿衣服，都要比冬天干得快；液体的表面积越大，蒸发越快，下雨后，环卫工人会把积水扫开，这就是在增加液体的表面积，让积水更快蒸发；液体表面上方空气的流动速度越大，蒸发越快，我们用吹风机吹头发，就是既增加了温度，又增加了空气的流动速度，这样，头发上的水就能快速蒸发啦！

延伸思考

和熔化一样，蒸发也是一个吸热过程，液体在蒸发时会不断吸收热量。但相比熔化需要加热来说，蒸发可以在任何温度下进行，是一个十分普遍、十分容易实现的过程。因此，在生活中，我们常利用蒸发来吸收热量。

天气炎热时，我们会出汗，汗液蒸发后，会带走皮肤表面的热量，使我们感到凉快，这是人体调节体温的一种方式。同样，我们洗完澡，如果没及时擦干身上的水分，就会感到冷，这就是身上的水蒸发吸收了大量热量，使我们感到冷。面对发热病人，我们可以用酒精或温水擦拭皮肤表面，通过酒精或温水的蒸发吸收皮肤表面的热量，使体温尽快恢复正常。

平时，在吃烫口的饭菜时，我们都会吹一吹。其实，不是我们把热的饭菜“吹凉”了，而是通过吹，增加了液体表面的空气流动速度，加快了饭菜中的液体蒸发，带走了更多热量，使饭菜快速凉下来。

5. 樟脑丸怎么不见了

一天，小唐看到妈妈把一些白色的小球用一个没有盖子的小盒子装好，放进了大衣柜里。于是小唐好奇地问："妈妈，这些小球球是什么东西啊？"

妈妈告诉她："这叫樟脑丸，有驱虫的作用，放进衣柜里，蛀虫就不会把衣服咬坏了。"

小唐拿过装着樟脑丸的小盒子看了又看，还闻了一下，觉得味道非常刺鼻。从那以后，小唐每隔一段时间都会打开衣柜观察一下，想看看樟脑丸有没有发挥作用。可是她发现樟脑丸越来越小，后来竟然彻底消失了，而空气中还弥漫着那股熟悉的味道。

"这是怎么回事？难道樟脑丸被虫子吃掉了？"小唐感到非常迷惑，你能告诉她樟脑丸消失的原因吗？

知识点

升华现象

樟脑丸并没有被小虫吃掉，它消失的现象在物理上被称为“升华”，也就是固体不经过液体的状态，直接变成气体的现象。

樟脑丸每时每刻都在升华，所以在它的周围一直萦绕着一团“云”，那就是樟脑蒸气。这种蒸气是无色、具有特殊气味的气体，所以我们的眼睛虽然看不见它，但却可以用鼻子“侦察”到它的存在。

如果把樟脑丸放到温度为100℃的环境中，那么樟脑丸升华的速度会大大加快，没过一会儿，一颗樟脑丸就会“不翼而飞”。而在室温下，樟脑丸升华的速度会变得慢一些，所以我们会观察到樟脑丸慢慢变小，最终彻底消失。

生活中常见的升华现象还有很多。白炽灯用久了，灯泡里面的钨丝会变细，这就是钨升华的结果；冬天结成冰的衣服直接变干，是冰升华为水蒸气造成的。

延伸思考

升华是一种物理变化，因为它只改变了物质的形态，却没有生成新的物质。物质在升华的过程中会吸收热量，使周围的温度降低，这一点给人们提供了很大的帮助。

比如，冷藏车在运输食品时，就可以携带一些干冰（固态的二氧化碳），而不是普通的冰块。因为冰块会融化成水，食品沾水后容易变质、腐烂，而干冰不仅会在升华时吸收热量，使车内温度降低，起到保鲜的作用，而且干冰升华后直接变成二氧化碳气体，不会把食品弄湿、弄脏。

人工降雨也可以用到“升华”的知识——把干冰喷入冷空气层，它会很快升华，在这个过程中它吸收大量的热量，使冷空气层的气温急剧下降，这时，空气中的水蒸气不断液化汇入云中的小水滴中，小水滴逐渐增大变重到一定程度后，就会降落到地面形成雨。

6. 玻璃窗上的冰花

清晨，静静刚从被窝里钻出来，就听见爸爸在客厅大声地嘱咐：“静静，今天又降温了，多穿点衣服！”虽然屋子里开着暖气，暖融融的，让人感受不到太多寒意，但是静静还是乖乖地把外出的棉衣准备好，又在身上多加了一件外套。

保暖工作全部做好，静静快活地跑到客厅，就看见客厅的几扇窗户上，“长”出了美丽的窗花，不，应该说是冰花。洁白的、晶莹剔透的冰花粘在玻璃窗上，有的像扇形，有的像碎片，有的地方厚，有的地方薄，非常漂亮。静静兴奋地说：“是下雪了吗？”

说着，静静便跑过去触摸窗户，她以为这些冰花是雪花贴在了玻璃窗外，却没想到手指一碰，就和冰花来了个亲密接触，冰花竟然是在窗户里面形成的！静静再向外一望，太阳刚刚从东边的云层露出半个脑袋，干枯的树枝在寒风中瑟瑟发抖，哪有半点儿雪的影子？

静静挠挠脑袋，疑惑地问：“没有雪花，那这冰花是怎么出现的呢？”

知识点

凝华现象

窗户上出现的冰花是一种**凝华现象**。凝华是**物质从气态直接变成固态**的过程，是升华的逆过程。凝华发生的条件要求气体达到一定的浓度，并且温度降至凝固点以下，形成原因一般是急剧降温或由于升华现象造成的。凝华的过程需要放热。

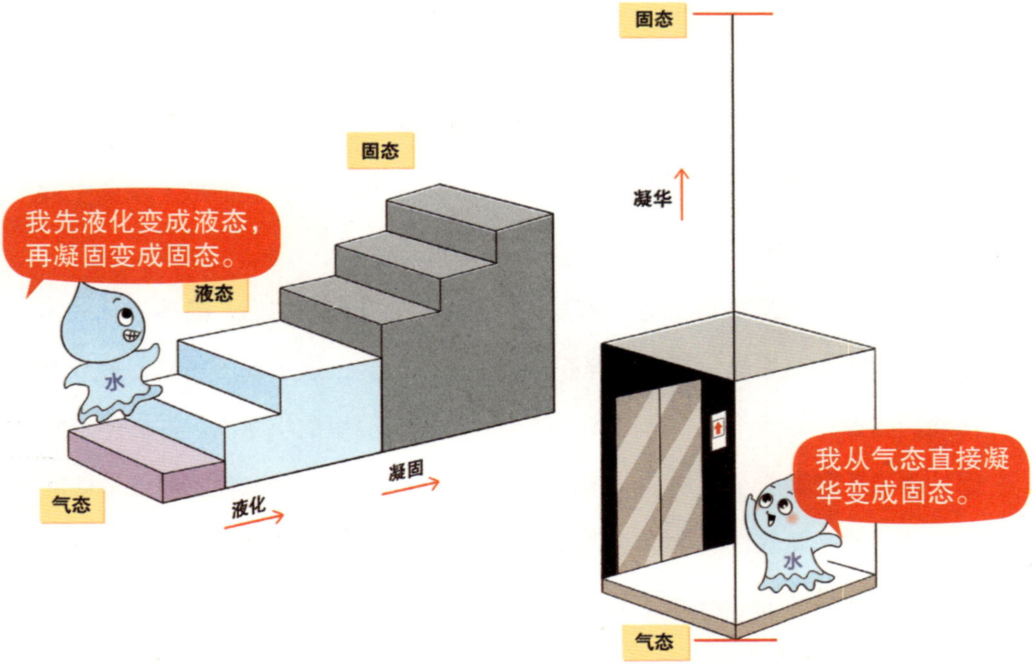

美丽的雾凇和窗户上的冰花，都是水蒸气在气温极低的情况下发生的凝华现象。灯泡用久了，灯泡壁上会出现黑色的固体附着，这是因为

钨丝在通电时发光发热，灯丝中的固态钨在高温下升华成钨蒸气，当灯泡熄灭后，钨蒸气遇冷又会在灯泡壁上发生凝华，变成固体钨附着在灯泡内壁上。

冬天，北方室外的温度很低，通常在 0℃以下，因此，玻璃窗的温度也很低。而室内的温度相对较高，尤其是在开着暖气的室内，温度会更高。**室内的水蒸气碰到冰冷的玻璃窗，就会直接凝华变成冰晶凝结在玻璃上**。当室内湿度大时，形成的冰晶就多；湿度小时，形成的冰晶就少。当玻璃窗上灰尘较多时，形成的冰晶会比较厚；灰尘少时，形成的冰晶就比较薄。如此，就形成了多种多样的冰花。

延伸思考

物质在固态、气态、液态之间的变化，叫作物态变化。地球上水的三种状态的变化，构成了庞大的水循环。

海洋的水不断蒸发，变成水蒸气，水蒸气上升到高空后，遇冷液化成小水滴或凝华为小冰晶，它们悬浮在空中，形成云。云层里的小水滴汇聚成大水滴，因重力作用下降，就形成了降雨。或者云层里的小冰晶，在高空冷气团的作用下凝聚成小冰块，小冰块在下落过程中不能完全融化，最终形成冰雹降落。若水蒸气在高空急剧降温，直接凝华成冰晶，就会形成降雪。雪花和冰雹落到地面上，又会融化，最终都和雨水一样，或汇聚到江河，或渗入地下，最终流入大海。

通过水循环，占地球大部分面积的海洋能为我们提供源源不断的淡水资源。

Part 2

第二部分

“热”和“能”的游戏

7. 花香四溢的季节

春天是一个生机勃勃的季节。春天一到，冰雪消融，燕子开始唱歌，黄莺开始跳舞，柳条开始抽芽，小草拱破泥土……到处都是欣欣向荣的景象。被憋了一个冬天的小朋友也不例外，这不，在一个风和日丽的日子，小夏就迫不及待地去公园踏青了。

刚走进公园，小夏就感到一阵花香扑面而来。花香的清新中带着一点微微的甜，让她忍不住顺着花香走去，很快，就来到一片有各色各样花朵的土坡前。最先映入眼帘的是红彤彤的杜鹃花，仿佛火一样热情地燃烧着；杜鹃花的前面，是白色的梨花，它好像雪一样纯洁；稍远处，是粉色的桃花和杏花，它们如同一片朝霞映在天边；低头看，离小夏更近的是黄色的迎春花、蓝紫色的紫花地丁……伴随美丽花朵而来的，是更加浓郁的花香。闻着这些花香，小夏只觉得自己好像飘浮在花的海洋里，

随着风吹动花香，自己也在花海里浮浮沉沉。

过了很久，小夏才从陶醉中醒来，就已经到了傍晚，这才恋恋不舍地离开公园。虽然已经看不见花海了，但那迷人的花香依然徘徊在她的鼻端，小夏深吸了一口气，说：“春天真是一个花香四溢的季节啊！”

知识点

分子的热运动

一切物质的分子都在不停地做无规则运动，并且这种运动与温度相关，因此我们把它称为**分子的热运动**。温度越高，分子的热运动就越剧烈。

我们无法用肉眼看到分子的热运动，但我们可以通过**扩散现象**来展现，如一滴黑墨水滴进水杯里，墨水就会染黑整杯水，这就是扩散现象。如果把金块和铅块压在一起，几年后，在两者的贴合面上，我们可以看到**金块渗进了黑色，而铅块渗进了金色**，这也是扩散现象。扩散现象的实质就是**分子的热运动**。温度越高，墨水扩散的速度就越快，金块和铅块渗透的时间也就越短，这都说明了分子的热运动与温度有关。

分子的热运动，是由分子间的作用力导致的。分子间既存在引力，又存在斥力，当分子相距较近时，斥力会让它们相互远离，当分子相距较远时，引力又会让它们相互靠近。这就像一根弹簧，我们把它拉长，它就要回缩，我们把它压缩，它就要伸长。因为分子间作用力的存在，分子就会一直不停地运动。

人们能闻到花香也是因为扩散现象，因此，我们即使没有看到花，也能闻到花香。除了花香，各种味道都是如此，我们常说“酒香不怕巷子深”，就是气味分子热运动的功劳。

延伸思考

布朗运动是指悬浮在液体或气体中的微粒做的永不停息的无规则运动。比如在无风的环境下，我们可以看到阳光下的灰尘就在进行布朗运动。温度越高，布朗运动越剧烈。

布朗运动看起来和分子的热运动的表述十分相似，这是因为布朗运动是受到分子热运动影响而出现的现象。在液体中悬浮的微粒，因为液体分子的热运动而不断受到撞击，所以出现了无规则运动；同样，悬浮在气体中的微粒，也是受到气体分子的不断撞击而出现了无规则运动。

因此，布朗运动虽然和分子的热运动的表述很像，但是两者并不是一回事。布朗运动是宏观物质的运动，而分子的热运动是微观分子的运动。但布朗运动是分子热运动的一种直接反映。

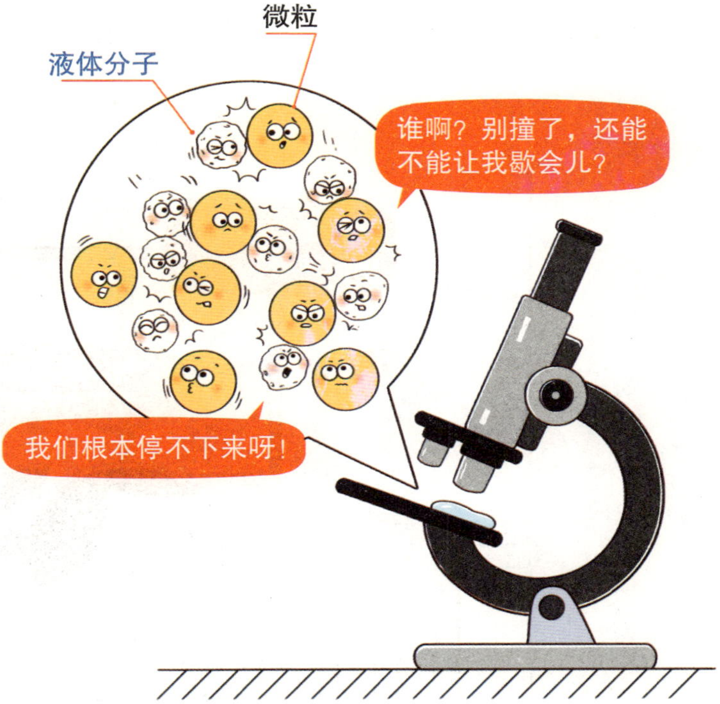

8. 暖气片安在什么地方好

今年冬天似乎格外的冷，小凌家的屋子里暖气片装得少，家里人总觉得屋里冷冰冰的，爸爸妈妈便商量着加装一些暖气片。爸爸妈妈和暖气公司进行了一番沟通后，安装暖气的工作人员终于在一周后上门来装暖气片了。

小凌一直很好奇陪伴她度过无数寒冬的暖气片是怎么供暖的，于是安静地站在客房门口，看叔叔们安装暖气片。只见叔叔们对着客房窗户下的墙面，一会儿测量，一会儿敲敲打打。他们有的蹲着，有的弯着腰，有的半跪着，时不时还要站起再蹲下，十分辛苦。小凌看着叔叔们蹲上蹲下、忙忙碌碌的样子，很是不解：为什么不把暖气片安得高一点，这样就不用这么吃力了。

于是，小凌仔细地观察了一下屋子里其他地方的暖气片，发现它们不是贴着墙根，就是安装在窗户下，都是在房间中偏低的位置。小凌又回想了一下学校里的暖气片，想到那次换座位时她就坐在暖气片旁边——学校的暖气片也是安装在低处的！

这下，小凌可发现了新大陆，不过，她还是不知道暖气片安在低处的秘密，暖气片安在低处有什么好处吗？

知识点

热对流效应

暖气片为我们供暖，主要是靠**热对流效应**。热对流是热传递的三种方式之一，它是靠气体或者液体的流动，将热量从一处传递到另一处的传热过程。因此，热对流只能发生在气体或液体中，固体中不存在热对流。

热空气的密度比冷空气小，因此热空气要上升，冷空气要下沉。暖气片安装在低处，在暖气片附近的空气受到暖气片的加热后，温度升高，使得低处变热的空气上升，高处的冷空气下沉，从而使得整个房间里的空气对流起来，热量也很快就能传遍整个房间。如果暖气片安装在高处，高处的空气变热后要上浮，因而与下面的冷空气难以形成对流，这就使得暖气片的取暖作用大打折扣了。同样的道理，制冷的空调往往装在房间的

高处，也是为了更好地形成热对流，更快降低房间的温度。

液体的热对流也是如此，热的液体密度低，要往上浮，冷的液体密度高，要往下沉。我们在烧水时，加热壶底，壶底的水最先变热，开始往上浮，冷水随之下沉，通过水壶内的热对流，最终完成整壶水的加热。

延伸思考

自然风的形成就是由于空气的热对流效应。太阳光照射在地球表面，使地球表面的温度升高，从而靠近地面的空气被加热形成热空气，因而这部分空气要向上升。热空气上升后，低温的冷空气横向流入，就形成了风。上升的热空气遇冷降温，变重后又下降，靠近地表的空气又受热膨胀变轻而上升，如此不断循环，自然风也能源源不断地产生了。这种对流能带走地表附近的空气污染，起到净化空气的作用。

我们常说要“勤开窗、多通风”，打开门窗，室内空气与室外空气形成热对流，可以产生风。相反，门窗紧闭时，热对流效应弱，也就无法形成风，我们就会感觉室内闷。通风能够净化室内空气，减少细菌、病毒感染。

9. 烫手的玻璃杯

小芝是一个乖巧懂事，又非常孝顺父母的孩子，他不仅常常帮助爸爸妈妈分担力所能及的家务，而且每天坚持自己上下学，从不需要爸爸妈妈操心。

每天放学，小芝回到家后，就会为还没下班的爸爸妈妈泡一杯茶。他先在玻璃杯里放上几片茶叶，再把开水倒进玻璃杯中，然后把玻璃杯放在厨房里。等到爸爸妈妈下班回家，茶也凉得恰到好处，小芝就去厨房把泡好的两杯茶端出来，递给爸爸妈妈。爸爸妈妈都说，喝了小芝泡的茶，工作一天的疲惫都一扫而光了！

这天，小芝放学后走到半路，发现自己的作业本忘在学校了，连忙折回学校去取。一来一回，小芝到家比平时晚了不少。因此，泡好茶不一会儿，妈妈就到家了，小芝习惯性地跑进厨房，伸手端起玻璃杯——好家伙！灼热的玻璃杯把小芝烫了个够呛，小芝"啊呀"惊叫一声，玻璃杯脱手落回了桌面，"好烫呀！"放下玻璃杯，小芝狼狈地甩了甩手。

妈妈听到小芝的惊叫声，连忙跑到厨房一看，小芝的手指通红通红的，好在没有烫伤，妈妈心疼地说："傻孩子，杯子这么烫，你急什么呀！"

小芝不好意思地说："今天走到半路又回去取了个作业本，到家晚了点，一下子忘了水还烫着，没凉下来呢！"

知识点

热传导现象

热传导是介质内无宏观运动时的传热现象，是热传递的三大方式之一。热量或从高温物体传到低温物体，或从物体温度高的部分传到温度低的部分。进行热传导的两个物体或两个部分之间需要直接接触。

小芝把开水倒进玻璃杯中，**开水通过热传导将热量传递给玻璃杯，玻璃杯再通过热传导把热量传递给手**，小芝就被烫到了。但其实，冬天时，我们常常通过热传导的方式取暖。热水袋、暖宝宝，甚至是一杯热奶茶，都是冬天的好伴侣。

需要热传导　　阻止热传导

在生活中，我们有时需要加强热传导，有时又要阻止热传导。比如用铁锅炒菜时，就需要加强热传导的作用，使菜快速炒熟；而用保温瓶保温开水时，就需要阻止热传导，减少瓶子中水的热量的散失。

延伸思考

我们有时候需要加强热传导，有时候又要阻止热传导，那么，我们如何加强热传导，又如何减弱热传导呢？

原来，不同材料的导热性能是不同的。金属材料的导热性较好，被称为热的良导体，非金属材料的导热性较差，被称为热的不良导体。我们用铁来制作锅，用铝来制作熨斗，用不锈钢来制作水壶，都是为了更好地发挥热传导的效应，尽快将热量传递给需要加热的物体。目前，最善于传递热量的金属是银。

同时，我们用木头做锅柄，用塑料做熨斗柄、水壶柄，用陶瓷做碗，是因为这些是热的不良导体，能减慢热传导，保护我们的手不被烫伤。此外，我们冬天穿的棉衣也是热的不良导体，它能够有效地防止我们身体的热量通过热传导散失。

10.“烤火”的感觉

冬至过后，步步家书房的暖气片突然不供暖了。步步在书房写作业时，被冻得手脚冰凉，时不时就要放下笔搓搓手，哈口气，跺跺脚。爸爸赶紧从车库里翻出被遗忘已久的取暖器，通上电，放在步步的腿前。

取暖器散发出橘黄色的光，像一个小太阳似的，带着温暖的力量射向步步。很快，步步就感觉正对着取暖器的小腿和膝盖暖和了，接着，整个身体都暖洋洋的。步步摸摸自己的膝盖和小腿，感觉膝盖和小腿的皮肤热乎乎的，撩起裤腿一看，皮肤都有些微微泛红了。身体的其他地方虽然也暖和了，但是却没有小腿和膝盖这么明显。

步步舒坦地伸了个懒腰，说：“取暖器真暖和啊！我觉得好像在烤火一样，真舒服！"

爸爸问他："步步，那取暖器是不是和暖气片一样啊？"

步步摇摇头，说："不太一样，暖气片虽然让屋子里变得暖暖的，但是我站在暖气片旁边时，可不能这么明显地感觉到热量。"

知识点

热辐射现象

热辐射，是物体由于具有温度而辐射**电磁波**的现象，是热传递的三大方式之一。因为电磁波的传播不需要介质，因此，热辐射是唯一能在真空中传热的方式。我们使用的保温杯、热水瓶的壁上往往有一层真空夹层，这个真空夹层能阻止热对流和热传导，但无法阻断热辐射，因此保温杯、热水瓶里的水最终还是会冷却的。

在日常生活中，**一切物体都能产生热辐射**。物体温度越高，辐射出的热量就越多。因为取暖器的温度比暖气片的温度高，所以步步坐在取暖器前，能有“烤火”的感觉，而站在暖气片前，就没有这种感觉。事实上，烤火也主要是靠火的热辐射给人们带来温暖。

热辐射有明显的方向性，取暖器放在步步面前，步步正对取暖器的膝盖和小腿很快感到暖和，但如果步步坐在取暖器的后面，就没有这样的效果了。

热辐射还伴随着能量形式的转变，即发出辐射的物体的内能转变成辐射能，辐射能再转变成接受辐射的物体的内能。取暖器的内能转变成辐射能，辐射能又转变成步步身体的内能，从而使步步全身都暖和了。

延伸思考

影响热辐射的因素主要是辐射能量。辐射能量与热源的温度和表面积有关，热源温度越高，辐射能量就越大；热源表面积越大，辐射能量就越大。太阳就是一个温度高并且表面积很大的热源，因此太阳的辐射能量是巨大的。

热源与被辐射物体间的距离也会影响热辐射的大小，距离越近，辐射能量越大。太阳的辐射能量虽然很大，但因为太阳和地球的距离十分遥远，所以我们得到的太阳辐射能量在可承受的范围内。

热辐射也与物体的相对位置，即热源与被辐射物体的角度有关。正对热源的位置，辐射能量最大。

热辐射还与物体的表面情况有关，物体表面颜色不同、粗糙程度不同，发出热辐射的能力都是不同的。表面黑而粗糙的物体，容易辐射热。柏油马路就是这样的物体，夏天走在柏油马路上，会感到格外炎热。

Part 3

第三部分

大自然的魔术师——温度

11. "冷"和"热"如何衡量

早晨，诗诗背起书包正要出门时，妈妈叫住她："诗诗，外面下雨了，温度低，可能会有点儿冷，你把这件外套拿上，别着凉了。"诗诗有些不以为然，现在是夏秋之交，夏天的余热还没有散去，怎么会冷呢？不过，她还是听话地接过妈妈手里的外套，这才离开家门。

一出门，诗诗刚走出几步路，一阵秋风夹着漫天的雨丝迎面扑来。"阿嚏！"诗诗忍不住打了个喷嚏，手臂上起了一层鸡皮疙瘩——竟然真的有些冷了！诗诗一边庆幸听了妈妈的话拿了外套，一边忙不迭地抖开手里的外套穿在身上。外套一穿，诗诗顿时觉得暖和了不少。

上午，雨渐渐地停了，太阳在云层中若隐若现，到了中午，天气又变成烈日

当空了。诗诗拿了书本想去操场边看书，班主任老师关切地提醒她：“诗诗，外面太阳正烈，温度高，应该有些热了，你记得及时脱外套，别热着了。”诗诗点点头。在操场坐下没多久，诗诗身上就开始出汗，她连忙脱下外套，这才感觉舒服许多。

晚上，一家人吃过晚饭，诗诗主动下楼去倒垃圾。从小区的垃圾箱处走回来时，夜风一阵阵吹在诗诗身上，带着微微的寒意。诗诗走进家门，放下垃圾桶，搓着手臂说：“这鬼天气怎么一阵冷一阵热的！”

妈妈摸了摸诗诗冰凉冰凉的手臂，嗔怪道：“现在昼夜温差大，晚上温度低，冷着呢！”

诗诗叹气道：“温度高就热，温度低就冷，天气的冷热难道是温度决定的吗？”

妈妈赶紧否定：“当然不是！温度是来帮助我们衡量天气的冷热的。”

知识点

“温度”是什么

我们常常靠感觉来辨别冷热，但是感觉往往靠不住。比如，一个人从炎炎烈日中走进凉爽的空调间，他就会觉得空调间特别的凉爽；而一个人从冷库中走进同样温度的空调间，往往会觉得空调间并不怎么凉快。而且，每个人对冷热的耐受程度不同，处在同样的环境下，有的人觉得冷，有的人觉得热，有的人则觉得刚刚好。

正因为靠感觉来判断冷热有很大的偏差，所以我们需要一个公认的量来衡量天气的冷热。在这种情况下，科学家们引入了“温度”的概念。

温度是表示物体冷热程度的物理量。它只能通过物体随温度变化的某些特性来间接测量，这种用来度量物体温度数值的标尺叫作温标。现在，我们通常用温度计来测量温度。

从微观上来讲，温度表示的是物体分子热运动的剧烈程度。分子运动越快，温度就越高，物体就越热；分子运动越慢，温度就越低，物体就越冷。

分子热运动剧烈　　分子热运动不剧烈

延伸思考

提到摄氏度，大家应该非常熟悉，我们在生活中常用的温度的计量单位就是摄氏度。不论是天气预报预报气温，还是测量体温，我们都会听到数值后面跟着“摄氏度”。摄氏度，最初由瑞典天文学家安德斯·摄尔修斯提出，历经不断改进后，现在已经是世界上使用较为广泛的温标之一，并已纳入国际单位制。摄氏度的含义是规定在标准大气压下，纯净的冰水混合物的温度为 0 摄氏度，水的沸点为 100 摄氏度。摄氏度的符号是“℃”。

华氏度也是一个温度的度量单位，由德国人华伦海特发明。目前，华氏度的使用范围要比摄氏度小得多。华氏度规定：在标准大气压下，冰的熔点为 32 华氏度，水的沸点为 212 华氏度，中间有 180 等分，每等分为华氏 1 度。华氏度的符号是“°F”。

华氏度和摄氏度之间的换算关系是：F=C × 1.8+32；C=(F−32) ÷ 1.8。

12. 温度计如何测量温度

科学老师蔡老师带着三（1）班的同学们去做实验。这是同学们第一次走进实验室，因此一个个都兴奋不已。阿云也不例外，来到实验室，虽然按照老师的嘱咐不敢乱摸乱碰，但还是忍不住好奇地东张西望，打量着和教室截然不同的实验室。

同学们四人一组站在操作台前，每个操作台上放着两杯水，两支温度计。今天的实验任务很简单，只要求同学们用温度计量出两杯水的温度。有关温度的知识阿云早就已经掌握了，但自己动手还是第一次。一阵手忙脚乱后，阿云拿起温度计伸进第一杯水中，看着温度计上的红线“嗖嗖”地往上蹿，先是快而后变慢，最后终于停住不动了。阿云对着红线旁的刻度线，读出此时水的温度是“53 ℃”。接着，阿云的同组组员小文拿起另一只温度计伸进第二杯水中。这回，温度计上的红线以肉眼可见的速度持续下降，等红线稳定后，小文激动地喊道：“21℃！”测完两杯水的温度后，大家还意犹未尽，就有人用手掌包着温度计下端，测量起自己掌心的温度。

阿云看着温度计里的小红线一会儿上一会儿下，觉得温度计真是太奇妙了，一条小红线上上下下，怎么就能测量温度呢？

知识点

热胀冷缩原理

温度计测量温度是应用了**热胀冷缩**的原理。热胀冷缩是指物体受热时会膨胀，遇冷时会收缩的特性。温度计里的红线是加了红色色素的液体，通常是酒精、煤油。温度计下端有一个玻璃泡，上面连接着的细小的玻璃管叫作毛细管。当玻璃泡受热时，里面的液体膨胀，沿着毛细管迅速上升；反之，当玻璃泡遇冷时，里面的液体收缩，毛细管内的液面就会下降。然后根据两旁的刻度标尺，就能读出被测物体的温度了。

绝大多数物质都具有热胀冷缩的特性，但不同的物质热胀冷缩的程度不同。在生活中，我们时常要注意规避热胀冷缩带来的不良影响。比如铺地砖时会在地砖之间留下裂缝，两段铁轨之间也会有一定的空隙，这都是为了给地砖、铁轨的热胀留下空间，防止地砖或轨道拱起。但同时，我们也在利

用热胀冷缩的特性解决一些生活中的问题，比如煮好的鸡蛋放在冷水里泡一泡，就会容易剥壳，这是因为在遇冷时，蛋白比蛋壳收缩程度大，蛋壳和蛋白之间的空隙就会增大；金属瓶盖拧不开时，可以先在热水里泡一泡，金属瓶盖受热膨胀程度大，与瓶口之间的缝隙就会增大，瓶盖就容易拧开了。

延伸思考

虽然大多数物质都有热胀冷缩的特性，但我们非常熟悉的水却有一点“叛逆”。冬天的时候，常常有自来水管冻裂或汽车水箱冻裂的事情发生，这说明水遇冷结冰后，水的体积反而变大了，这是为什么呢？

这其实是一种反常膨胀的现象，当水的温度大于 4℃时，它也是遇热膨胀，遇冷收缩。但当水的温度在 0℃ ~ 4℃时，它遇冷反而会膨胀，遇热会收缩，出现“热缩冷胀”的现象，这就是水的反常膨胀。

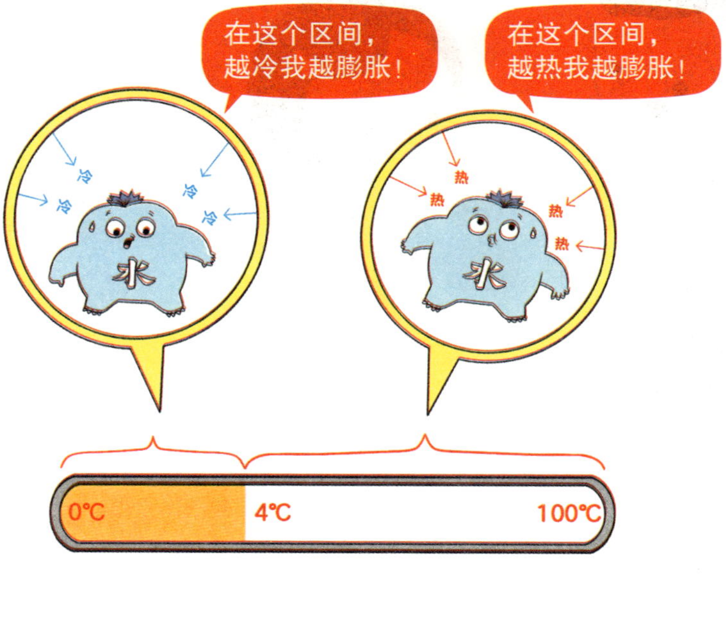

13. 四季气温为什么会变化

语文课上，老师留了一道作文题，题目是《我最喜欢的季节》。在放学路上，峰峰和好朋友达达、奔奔热切地讨论了起来。

峰峰说：“我最喜欢的季节是夏季。天气虽然很热，但是我可以吃冰西瓜、喝凉饮，还能去河里游泳，真是太爽了！”

达达说：“我正好相反，我最喜欢冬天。冬天温度虽然很低，但在滴水成冰的日子里吃上一碗热气腾腾的牛肉面，或者和朋友们约一顿火锅，或者在手上捧一杯暖暖的奶茶，那滋味别提多美了。哦，对了！冬天还可以欣赏美丽的雪景呢！”

奔奔说：“我呀，对秋天和春天的喜爱不相上下。春天是温暖的，在春暖花开的日子，出去郊游踏青最合适不过了；秋天又很凉爽，可以白天登高望远，夜间在阳台上赏月，也是别有一番意趣啊！”

说完，三个小伙伴都不约而同地想到："为什么四季的气温不一样呢？"

知识点

影响气温的主要因素

现在气象学通常根据气温划分四季，也就是说，四季的出现是因为气温的变化。气温为什么会发生变化？影响气温的主要因素又是什么呢？

首先是纬度因素。纬度是气温的决定因素。纬度越高，气温越低；纬度越低，气温越高。赤道终年高温，始终处在"夏季"，而南极、北极常年笼罩在寒冷的"冬季"。

其次是海陆位置。海洋的比热容大，陆地的比热容小，因此，海陆位置也会对气温产生很大的影响。夏季，陆地升温快，气温比同纬度的海洋温度高；冬季，陆地降温快，气温比同纬度的海洋温度低。

再次是地形因素。复杂多样的地形因素对气温有着极大的影响。海拔越高，气温越低，因此高山、高原比平原、盆地的气温低。山坡能够阻挡冷空气，因此迎风坡气温低，背风坡气温高。

除此之外，还有许多影响气温的因素，如洋流状况、地面情况、人类活动等，但还是以纬度、海陆位置、地形对气温的影响最为主要。

延伸思考

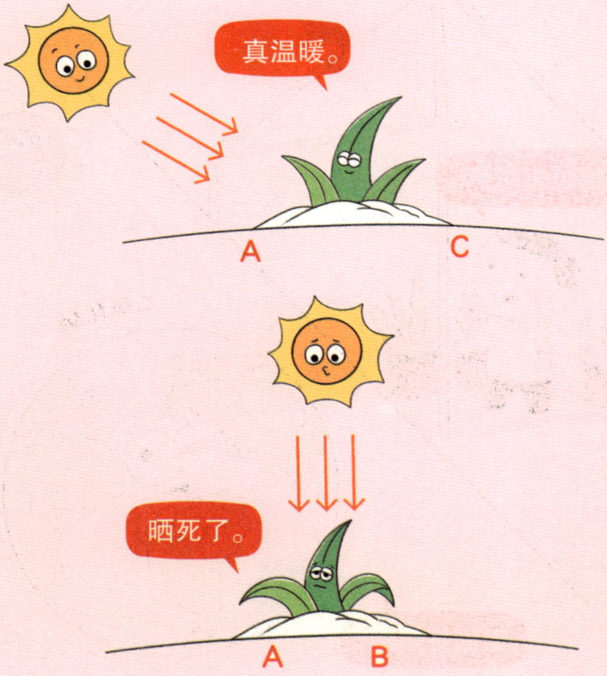

纬度因素之所以对气温起到决定性的作用，最根本的原因是随着纬度的变化，太阳高度角也在发生变化。

太阳距离地球非常遥远，因此，我们可以认为太阳光是平行照射到地球表面的。太阳高度角是指太阳光线与地平面的夹角，简称太阳高度。太阳高度角越大，太阳的辐射能越大。地球表面吸收太阳的辐射能后升温，加热靠近地表的大气，使气温上升。因此，太阳辐射能越大，气温也就越高。当太阳直射时，太阳高度角最大，为 90°。

一天之中，正午的太阳高度角最大，但由于地面热辐射加热大气还需要一段时间，因此一天中最热的时间往往在下午 2 点左右。

14. 越来越热的地球

阿锦最近看了一篇文章，题目是《变热的地球》。阿锦非常疑惑：什么叫作温室效应？为什么它会让地球变热？难道地球也和人一样会发烧吗？

妈妈看到阿锦百思不得其解的样子，就说："阿锦，明天妈妈带你去一趟小姨家，你就会明白了。"

小姨家和地

小姨家和地球变热有什么关系呢？第二天，阿锦半信半疑地跟着妈妈来到了小姨家。小姨和小姨父都是喜爱花草的人，所以小姨在天顶平台上设计了一个玻璃房，里面养着许多珍贵的花草。时令已是深秋，但是一走进小姨家的玻璃房，阿锦立刻感到温度上升了不少，仿佛来到了温暖的春天。阿锦奇怪地问："为什么这里面这么热啊？"

小姨说："这是阳光房，玻璃能够让阳光的热量进来，却不让房间里的热量出去，所以里面就越来越热了。"

阿锦恍然大悟："我明白了！温室效应就像一个玻璃房，把地球罩在里面，所以地球就越来越热了。"

知识点

了解"温室效应"

温室效应，又称"花房效应"，是一种大气效应。太阳的热量以短波辐射的形式穿过大气到达地球后被地面反射。地面的热量却是以长波辐射的形式反射。大气能够让短波辐射毫无阻碍地通过，却会强烈地吸收长波辐射。这样，地面不断接受被大气"放行"的短波辐射——太阳辐射，并以长波辐射的形式加热靠近地表的大气，使大气的温度不断升高，这就是温室效应。

但是，并不是所有的气体都具有强烈吸收长波辐射的能力。能够发挥温室效应的气体叫作温室气体，主要有二氧化碳、臭氧、甲烷等。由于社会现代化、工业化的发展，煤炭、石油、天然气的燃烧导致大量的二氧化碳排放入大气，温室效应也随之增强。

延伸思考

近年来，随着温室效应的不断增强，一系列的问题也随之产生。第一方面的危害是全球变暖，20 世纪 90 年代以来，全球平均气温数次创历史最高记录。科学家们预测，未来全球气温仍呈上升的趋势，如果气温持续升高，将影响人们的生活，甚至全球的生态平衡。

第二方面的危害是导致地球上的病虫害增加。因为全球气候变暖，北极的冰层不断融化，其中被冰封的致命病毒可能会卷土重来。由于人类目前缺乏对这些病毒的有效防御和治疗措施，它们或许将极大地威胁人类的生命。

第三方面的危害是海平面上升。这是由于海水受热膨胀及冰川融化使大量液态水进入海洋。海平面的上升将会淹没一些岛国和沿海地区，这将会严重影响当地人们的生产生活和经济发展。

太有意思了！生活中的物理

5 电磁学篇

高盈恺◎编著

航空工业出版社
北京

内容提要

《太有意思了！生活中的物理》是一套专门为小学生编写的趣味物理科普读物。将物理学知识融入到日常生活中，用通俗易懂的语言解析物理原理并做知识延伸，配有大量充满童趣的漫画，带领孩子们走进多彩的物理世界，收获无穷的启迪。

图书在版编目（CIP）数据

太有意思了！生活中的物理．电磁学篇 / 高盈恺编著．-- 北京：航空工业出版社，2023.8

ISBN 978-7-5165-3399-4

Ⅰ．①太… Ⅱ．①高… Ⅲ．①物理学－青少年读物②电磁学－青少年读物 Ⅳ．① O4-49 ② O441-49

中国国家版本馆 CIP 数据核字 (2023) 第 117515 号

太有意思了！生活中的物理·电磁学篇

Tai youyisi le!Shenghuozhong de Wuli.Diancixue Pian

航空工业出版社出版发行

（北京市朝阳区京顺路 5 号曙光大厦 C 座四层　100028）

发行部电话：010-85672688　010-85672689

三河市越阳印务有限公司印刷　　全国各地新华书店经售

2023 年 8 月第 1 版　　2023 年 8 月第 1 次印刷

开本：787×1092　1/16　　字数：42 千字

印张：3.5　　定价：150.00 元（全 6 册）

Preface

前言

为什么高压线上的小鸟不怕触电？为什么磁铁只能吸铁不能吸铜？为什么电磁炉没有火却可以加热食物？为什么用手机可以给远方的家人打电话……这形形色色的问题背后，都有电磁学的影子。学习电磁学，我们不但能够掌握更多与“电”和“磁”有关的知识，还能了解什么是“电磁场”“电磁波”，更会为神奇的电磁世界惊叹不已。

本书就是一本适合小学生阅读的电磁学科普书籍，它从生活中最熟悉的场景入手，用一个个生动活泼的小故事吸引孩子们去观察身边的电磁现象，再用通俗易懂的讲解方式将最基础的电磁学知识传递给孩子。

本书中有趣的故事情节、可爱的漫画人物造型、细致的内容讲解定能给孩子留下深刻的印象，并使孩子们能够过目不忘，还能够活学活用电磁学知识，给自己的学习、生活增添更多的乐趣！

Contents

目录

01

认识调皮的“电精灵”

02 不可思议的磁力“魔术师”

03 走进神奇的电磁世界

04

无处不在的电磁波

Part 1

第一部分

认识调皮的“电精灵”

1. 触电的罪魁祸首

国庆小长假的前一天，学校照例对同学们进行安全教育。其中，“小心触电”被列在第一条。左左很奇怪，为什么每次假期前的安全教育，总要老生常谈触电的安全问题？

回到家后，左左就问爸爸：“爸爸，触电真的很可怕吗？”

爸爸立刻严肃地说：“是的，左左，还记得咱们以前的老邻居家的孩子小淘吗？他就是因为触电失去了左手。每年，有关触电身亡的报道都不在少数，所以，你一定要牢记用电安全啊！”

左左害怕地说：“天哪，这么可怕吗？触电到底是怎么回事啊？”

爸爸说：“触电是指一定量的电流通过人体，并对人体造成损伤。”

左左说：“原来触电的罪魁祸首是电流，这可真是个大坏蛋！”

爸爸笑了笑说：“话不能这么说，我们用的电灯、电视、冰箱、空调……哪个都少不了电流，电流更多的时候是

服务我们的，但是我们在享受它带来的便利的同时，更不能忘记它的危害呀！"

左左立刻认真地回答："爸爸，我明白了，我一定会时时提高警惕，注意用电安全的！"

知识点

认识电流

同学们，你们准备一些碎纸片，然后用一支笔擦一擦自己的头发，再将这支笔靠近桌面上的碎纸片，看看会发生什么现象？桌面上的小纸片是不是被吸到笔上了？这就是"摩擦生电"，因为摩擦过的笔带了"电荷"，所以能吸起小纸片。自然界中只有两种电荷——正电荷和负电荷。科学家们把用丝绸摩擦过的玻璃棒带的电荷叫作正电荷，把用毛皮摩擦过的橡胶棒所带的电荷叫作负电荷。电子是带有最小负电荷

的粒子。

电荷的定向移动形成**电流**。当电流产生时，发生定向移动的电荷可能是正电荷，也可能是负电荷，科学家们把正电荷定向移动的方向规定为电流的方向。电流通常用字母 I 表示，单位是**安培**，简称安，符号是 A。

人体能够通过的安全电流是 10 毫安，超过安全电流，就可能发生触电。

延伸思考

电路是电流可以流过的路径。通常由电源、导线、用电器、开关组成。电源是指电池、发电机等提供电能的装置；用电器是灯泡、风扇等消耗电能的装置。在电路中，电流流出的一极是正极，电流流入的一极的是负极。

只有电路闭合时，电路中才有电流通过。电路和电流相依相伴，当我们给用电器通上电进行工作时，就形成了一个闭合电路。当一个用电器通上电流开始工作时，背后一定有电路在协同支持。

2. 高压线上的小鸟为什么不会触电

清晨，珂珂在悦耳的鸟鸣声中醒来，推开窗，就看到几只小麻雀停在电线上，正叽叽喳喳地唱着歌。珂珂觉得小麻雀活蹦乱跳的样子十分可爱，忍不住站在窗口静静地看了起来。

看着看着，珂珂突然发现不对劲：小麻雀不是站在普通的裹着橡胶的电线上，而是站在从高压电塔延伸出来的高压电线上，不仅如此，高压电线还全都是裸线！珂珂顺着高压铁塔往下看，果然看到上面有“高压危险，请勿靠近”的警示牌。

如果是我碰到高压电线，早就被电焦了吧！珂珂这么想着，一下子惊出一身冷汗，生怕下一刻就看到那几只小麻雀变成烤串。可是，珂珂又看了好一会儿，小麻雀还是好好的，时而互相依偎，时而啄啄对方的脑壳，一派和谐安详的样子。

珂珂这下可真糊涂了：小麻雀停在高压线上为什么不会触电呢？难道它们有什么防电的特异功能吗？

知识点

电压

当一个电路闭合，用电器开始工作时，电路中一定有电流通过。但是，我们有时候会发现，以电池为电源的台灯，用的时间久了，台灯的亮度就会越来越暗，这说明通过台灯的电流在减小。可见，在这个电路中，电流是在变化的，什么因素会导致电流发生变化呢？在一个电路中，除了电流还有什么因素在发挥作用呢？

想要电路中有电流通过，需要满足两个条件：一是要形成闭合回路，二是电路两端必须要有电势差，即**电压**。一个电路中电源的作用就是给整个电路提供电压。电压通常用字母U表示，单位是**伏特**，简称伏，符号是V。在生活中，一节干电池的电压一般是1.5V，家庭用电的电压是220V，高压电线的电压可以达到几万伏。

那么，站在高压电线上的小鸟为什么不会触电呢？一方面是因为小鸟

站在同一根电线上，没有形成闭合回路，另一方面是由于小鸟两爪之间的距离相对于整条高压电线来说，十分微小，因此这段电线的电压几乎为零，也就是说，小鸟两爪间的电势差几乎为零。因此，在这种情况下，形成电流的两个条件都不满足，所以小鸟当然不会触电了。

延伸思考

为什么我们在选择导线时，要选用铜丝而不选用铁丝？为什么不同的用电器接入同一个电路中，电流表的数值会发生变化？原来，导体虽然能够让电流通过，但对电流仍有一定的阻碍作用，我们用电阻来表示导体对电流阻碍作用的大小。导体的电阻越大，对电流的阻碍作用就越强。电阻通常用字母R表示，单位是欧姆，简称欧，符号是Ω。

导体的电阻和导体的材料、横截面积、长度有关。同种材料，横截面相同的导体，长度越长，电阻越大；同种材料，长度相等的导体，横截面积越小，电阻越大。

电压、电流、电阻的关系是：$I=U/R$。这就是著名的欧姆定律。

3. 头发为什么“飘”起来了

冬季的一个早上，菲菲坐在镜子前面梳头发，可梳着梳着，一些头发竟然“飘”起来了。她用了不少力气，想把头发梳理平整，可它们却怎么都不肯“听话”。

上学时间快到了，菲菲无奈地放下梳子，背起书包向大门走去。可她刚碰到金属门把手，就感觉手像是被什么东西打了一下，吓了她一跳。

“太奇怪了，是谁在和我恶作剧吗？”菲菲这么想着。但没想到，奇怪的事情并没有结束，晚上睡觉前，她正在费力脱毛衣的时候，忽然听见毛衣发出“噼噼啪啪”的声音，上面还冒出了点点蓝光！

“着火了！”菲菲大叫一声，把毛衣扔到了地上。爸爸妈妈连忙赶来，等他们了解了事情的原委后，不由得笑了起来，说这只是“静电”现象，让菲菲不要害怕。可菲菲却怎么都想不明白：到底什么是“静电”，静电又是怎么产生的呢？

知识点

静电现象

静电，顾名思义，就是一种处于**静止状态的电荷**（如果是流动状态的电荷，那就形成了“电流”）。如果带静电的物体在接触别的物体后，发生了电荷的“转移”，就叫作**“静电放电”**，这时候就会出现上文中菲菲遇到的各种奇怪的现象。

产生静电最常见的原因就是摩擦，夏天空气湿度高，人体也容易出汗，皮肤和衣服相互摩擦产生的电荷及时被水蒸气带走了，不容易产生静电现象；冬天天气干燥，皮肤也较少出汗，电荷不能被及时带走，就会越积越多，也就更容易产生静电现象。

延伸思考

想要去除身体上的静电，有两种方法。第一种方法是增加“湿度”，比如，我们可以在身上涂抹一点润肤膏，让皮肤保持一定的湿度，以减少电荷的大量聚集；再如可以在家里使用加湿器，或放一盆水，这样可以增加空气的湿度，让水蒸气带走积累的电荷。

第二种方法是提前“放电”。比如在开关门的时候，我们可以先用手掌握住钥匙，再用钥匙尖触碰一下门把手，起到放电的效果，这样就不会让自己被“电到”；如果想要和别人握手，也可以先把手在墙上摸一摸、擦一擦，这样也能够把身上的静电“导走”，更不会出现轻微的“触电”情况了。

4. 电器为什么会突然起火

暑假里，安妮家书房的空调坏了，打开后不太制冷了，修空调的叔叔维修了几次，也没有解决问题。没办法，安妮只好翻出一台老旧的电风扇，先把这台电风扇搬进书房应急。

安妮在家时，就喜欢待在书房，电风扇乖巧地在安妮身边陪伴着她，并努力为安妮送上阵阵舒爽的风。可安妮却是个马大哈，时常忘记关掉电扇，有时甚至连晚上回房间睡觉都会忘记关掉电扇，让电扇经常整日整夜地工作着。

这天，安妮起床洗漱、吃过早餐后来到书房，发现自己昨天晚上又忘了关电风扇。看着电风扇孤独地转着扇叶，安妮不好意思地拍了拍脑袋，在书桌前坐了下来。忽然，电风扇背后突然"呼"的一声窜出一串火苗，接着，电风扇的扇叶慢慢停止了转动。安妮吓了一跳，刚想打电话给爸爸妈妈，电风扇又没了动静，但空气中弥漫着一股焦糊的味道。

安妮不敢再开电风扇，于是忐忑不安地等到爸爸下班，赶紧把电风扇的异常情况告诉了爸爸。爸爸严肃地说："这是短路了，你是不是昨天又忘记关电风扇了？电风扇本来就旧了，工作太久，电风扇的电动机的温度就会升高，温度一升高，可不就短路了。"

安妮羞愧地低下了头。不过，她很奇怪：短路是什么，为什么这么可怕？

知识点

短路现象

短路包括电源短路和用电器短路，是指整个电路或电路中的一部分被短接的现象。**电源短路**是指不经过用电器直接将电源的正极和负极用导线连接起来。我们知道，导线的电阻很小，如果把导线直接接在电源两极，那么，电路中的电流就会非常大，产生的热量也就会相对较多，非常容易烧坏电源。**用电器短路**是指将用电器两端用一根导线连接起来。电流是个很聪明的家伙，它会选择对自己阻碍小的路径，也就是选择电阻小的路径通过。当用电器两端被导线直接连接时，导线的电阻比用电器的电阻小得多，所以电流就会直接从导线经过，不经过用电器。这时，用电器被短路，而整个电路中的电流同样会增大，这就容易烧毁其他用电器。

电风扇的电动机主要由线圈构成，线圈是导线一圈一圈缠绕而形成的，导线外包裹有绝缘层。电流通过线圈时，要沿着导线一圈一圈地“跑”。但是安妮用的电风扇是老旧电风扇，绝缘层或多或少已经有了磨损，再加上长时间的使用，就使电动机的温度升高，损坏绝缘层，线圈直接被击穿，并排缠绕的导线在失去了绝缘层的阻隔后直接连通，相当于整个线圈变成了一段导线，电流不需要再绕圈跑，而是直线通过，这时就发生了短路。而且此时，过大的电流会烧毁电动机，极易引发火灾。

延伸思考

人体的平均电阻一般是 2000Ω 左右，根据欧姆定律，加在人体两端的电压越高，通过人体的电流就越大，在超过人体的安全电流时，就会发生触电事故。当人体接触一节干电池时，通过人体的电流很低，没有危险。但家庭用电的电压一般是 220V，如果将这个电压加在人体两端，就足以引发触电事故甚至是导致触电身故。因此，我们一定要避免接触高电压。在更换电灯泡、搬动家用电器前，一定要切断电源。

另外，水是良好的导体，因此在使用电器时，要注意不能弄湿用电器、插座，同时还要注意保护电器的绝缘层，防止出现由水导电或绝缘层被击穿引发的短路。

家庭用电一般都会安装保险丝。保险丝是一种电阻较大、熔点较低的材料，当电路中发生短路，电流过大时，它会因为温度升高而被熔断，从而断开电路，起到保护的作用。因此，定期更换类似保险丝的保险装置十分重要。

Part 2

第二部分

不可思议的磁力“魔术师”

5. 鸽子为什么不会迷路

维维的爸爸是信鸽协会的会员，维维家里养着三只信鸽。这些信鸽既是爸爸的心肝宝贝，又是维维的好伙伴。每天，维维都会跟爸爸一起给鸽子们喂食、喂水，打扫鸽笼。

不过，爸爸的信鸽可不是温室里的花朵。这三只信鸽都参加过 1000 公里的长程竞翔比赛，其中，年纪最大的小灰信鸽还拿过冠军呢！爸爸也从来都不放松对信鸽们的训练，维维时常看到爸爸打开鸽笼，将信鸽们放飞出去。每次，维维总会仰头目送着信鸽们高高飞起，看着它们在空中打几个旋，向远方飞掠而去。信鸽们在天空中很快就变成了一个小黑点，然后便再也看不见了。维维心里便忍不住担心：信鸽会飞到哪里？飞得太远的话，会不会找不到回家的路？不过，小信鸽们都很争气，一般总会在傍晚时分，陆陆续续地回到鸽笼。偶尔有几次过了一两天，信鸽们

才能平安地飞回来。

维维对爸爸的信鸽好生敬佩，他想：连爸爸带我出去玩，去的地方远一些，都要开着导航才能找到回家的路，鸽子们又不能用导航，它们为什么不会迷路呢？

知识点

利用磁场辨方向

如果我们用一块吸铁石靠近一个小铁片，小铁片很快会被吸到吸铁石上。小铁片和吸铁石并没有接触，为什么会有力把小铁片吸到吸铁石上呢？原来，吸铁石就是一块磁铁，而磁铁周围存在着一种物质，我们看不见、摸不着，但可以感受到它对其他物体的作用，我们把这种物质叫作**磁场**。

在很早以前，我们智慧的先民们就发现一些矿石能够吸铁，这些矿石就是我们现在所说的磁铁矿石。先民们把天然磁石制成勺子的形状，并将其放在一块平整光滑的底盘上，就制成了我国四大发明之一的司南。当司南静止时，勺子的柄总是指向一个方向。

司南是我国早期的指南针。我们现在用的指南针，其实质就是一根小磁针。我们把小磁针放在磁铁旁时，磁针会发生偏转，这是因为磁针受到了磁铁周围磁场的作用。如果周围没有磁铁，那么所有的小磁针在静止时都会指向一个方向。这说明，地球周围也存在着磁场，我们把它叫作**地磁场**。

因为有地磁场的存在，所以我们能利用磁场对小磁针的作用来辨别方向。同样，也正是因为有地磁场的存在，鸽子们才能够辨别方向。鸽子们的眼睛附近有一块凸起的骨头，叫作“磁骨”，它的作用就好像一枚指南针，鸽子们可以利用它测量地磁场的作用力来为自己导航。除了鸽子外，还有绿海龟、鲸、大雁等都具备利用地磁场导航的能力。

延伸思考

小磁针静止的时候，总是指向南北方向，但其实，小磁针所指的北方不是真正的北方，小磁针所指的南方也不是真正的南方。这是因为地磁场的南北两极和地理的南北两极并不是重合的，而是存在一个角度，我们把这个角度叫作地磁偏角，简称磁偏角。

地球的磁场是不断变化的，这导致地磁偏角也在不断地发生变化，不同的地方地磁偏角的度数不同。同一个地方，一天之中，一年四季，地磁偏角也在不停地变化。地磁偏角可以用磁偏测量仪测量出来。

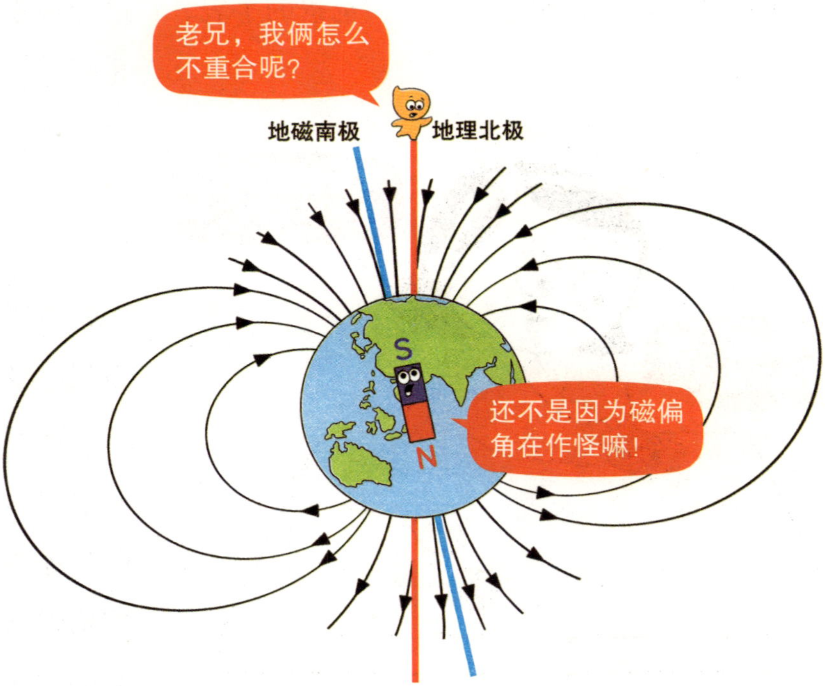

6. 磁铁为什么只吸铁不吸铜

在学习了有关磁铁的知识后，莲莲对磁铁产生了浓厚的兴趣，没事就喜欢摆弄吸铁石，拿着它东吸吸，西吸吸，玩得不亦乐乎。

而在这个过程中，莲莲发现，吸铁石在墙上、木门上、书本上，都吸不住，一放上去就会掉下来，只有在铁制的桌子腿上才能被吸住。起初，莲莲以为吸铁石能够吸所有的金属，直到有一回，莲莲把吸铁石放到了铜勺上，发现也吸不住铜勺！这下，可激起了莲莲的探索欲，她又将吸铁石放在不锈钢水壶上，吸铁石“啪”地一下就掉了下来。莲莲又找出一毛钱的硬币、妈妈的金项链、爸爸的手表、自己的银手镯……几乎把家里能找到的金属都一一进行了尝试，最后发现，这些东西都没法被吸铁石吸住，吸铁石只能吸铁！

怪不得吸铁石叫作“吸铁”石呢！莲莲兴冲冲地跑到爸爸妈妈面前邀功：“爸爸妈妈，我发现了一个鉴别

铁的好方法，只要用吸铁石吸一吸，能吸上来的就是铁，不能吸上来的就不是铁。”

爸爸笑着说：“确实是个好方法，不过，你知道为什么吸铁石只能吸铁，却不能吸铜吗？”

莲莲听后一下子愣住了，你能告诉她这是为什么吗？

知识点

了解“磁性”

磁铁（吸铁石）能够吸引铁的这种性质叫作**磁性**。目前为止，在常温下，只有四种金属及它们的合金能被磁铁吸引，它们分别是铁、钴、

镍和钆。但由于钴、镍、钆在生活中非常少见，所以，我们在日常生活中就会看到，磁铁只能吸引铁。

这四种金属之所以能够被磁铁吸引，是因为它们内部的结构比较特殊，比如铁由铁原子构成，每个铁原子都像一个小磁场，这就是原子磁矩。原子磁矩的有序度高，物质就会具有磁性。当铁受到磁铁的磁场作用时，铁原子的原子磁矩会变得有序，铁就能够被磁铁吸引了。

磁性并非一成不变。通常，我们把磁铁分为永久磁铁和非永久磁铁。永久磁铁是天然矿物，或由人工制造的磁铁，能够在很长一段时间里保持磁性的稳定。非永久磁铁是指磁性只有在特定条件下才会出现的物体。

延伸思考

磁铁之所以具有磁性，是因为它的原子磁矩有序度高。要让磁铁的磁性消失，只要使它的原子磁矩变得无序就可以达到目的。

高温和机械冲击是消除磁性的两种常用方法。

磁性消失最常见的原因是高温加热。在高温状态下，由于分子的热运动剧烈，使得磁铁内部原本排列一致的方向顺序被打乱，所以磁性就消失了。但当温度降低时，磁铁内部又会恢复原本整齐的排列，这时，磁性就会恢复。磁铁通常有一个临界温度，我们把它称为居里温度。

此外，机械冲击也能够使磁铁内部的排列发生紊乱，致使磁性消失，不过，在使用机械冲击时要避免撞击过猛使磁体被破坏。

7. 小铁片“接龙”

科学课上课啦！段老师笑眯眯地看着讲台下的同学们说：“今天我们来玩一个接龙游戏。不过，今天接龙的主角不是同学们，而是小铁片。”

“小铁片怎么接龙呀？”同学们既好奇又期待。只见段老师选了一竖列的四位同学，给他们每人发了一块长方形的小铁片，编号分别是2、3、4、5。然后段老师拿出一块条形磁铁，将自己手中的1号小铁片的一端靠近磁极，小铁片很快被吸住了，剩下另一端悬在空中。接着，段老师请拿着小铁片的四位同学依次把自己手中的铁片往上放。第一位同学拿着2号小铁片试探性地靠近1号小铁片悬空的一端，神奇的事情发生了，2号小铁片也被吸在了1号小铁片上！剩下的同学赶紧一个接一个地上前，把自己的铁片靠近前一块铁片悬空的一端——铁片都被吸住了。等四位同学手中的铁片都被吸上之后，段老师手里的条形磁铁就像拖了条大尾巴，带着一串铁片晃来晃去。小铁片们纷纷抱住自己的前一片铁片，真的像接龙一样呢！

“老师，您是不是拿的是小磁片，不是小铁片啊？”有的同学忍不住怀疑。

段老师微微一笑，将吸在条形磁铁上的1号小铁片轻轻拿下来，“哗啦”一下，后面的一串小铁片都跟着散落在了桌面上，不再相互吸引了。

看来，小铁片是货真价实的小铁片，那么，它们是怎么接龙的呢？

知识点

磁化现象

小铁片能够接龙，是因为发生了磁化。我们已经知道物体的磁性会消失，但磁性同样可以获得。一些物体在磁体或电流的作用下，能够获得磁性，这种现象叫作**磁化现象**。磁化通常有三种方法：一是用磁体的磁

极沿物体向一个方向摩擦几次，物体就会被磁化；二是在物体上绕上绝缘导线，接通直流电，一段时间后取下导线，物体也会被磁化；三是用磁铁吸引住物体，一段时间后物体也将会被磁化。

小铁片“接龙”用的就是第三种方法，条形磁铁吸引住小铁片，小铁片就有了磁性，因而能够吸引并磁化第二块小铁片，如此不断传递，就形成了小铁片的接龙。

延伸思考

磁化的方法比消磁的方法简单多了，因此，生活中的许多物体都容易发生磁化现象。手表被磁化后，会走时不准；电视机的显像管被磁化后，会色彩失真；手机的小部件被磁化后，会影响通信。

为了防止手表等小型物件被磁化，平时就要尽量避免把它们放在磁场大的环境中，避免和带有磁性的锁扣靠得太近，避免和手机等有磁性的电器放在一起。

8. 磁悬浮列车为什么跑得特别快

假期里，小泉跟着爸爸去上海旅游。小泉很早就知道，我国第一列磁悬浮列车是在上海开始运行的。难得来到上海，小泉央求爸爸带他体验一次磁悬浮列车。爸爸拿着手机晃了晃，说：“知道你会对磁悬浮列车感兴趣，我早就买好票了。等回去的那天，我们就乘坐磁悬浮列车去机场。”

等到返程的那天，小泉和爸爸一起走进磁悬浮列车的候车大厅。小泉看了一眼大厅的时钟，突然有些担心：“爸爸，我们不是下午三点的飞机吗？现在已经一点多了，我们会不会赶不上啊？”

爸爸语气轻松地说：“不用担心，磁悬浮列车的速度非常快，我们完全赶得上。”

此时，磁悬浮列车呼啸着进站了，小泉立刻把担忧的情绪抛到了九霄云外，兴冲冲地踏进了磁悬浮列车。刚在座位上坐稳，列车就缓缓启动了。小泉左顾右盼地打量了一圈车厢，又向窗外看去。窗外的景物正飞快地向后掠去，看得他应接不暇。爸爸等小泉收回视线，递给了他一袋橘子。小泉随手剥了两个橘子，就听见广播提示他们到站了。

"这也太快了！"小泉看了看手表，发现距离上车只过去了八分钟，他们却已经走了几十公里的路程。磁悬浮列车的速度明显比高铁快多了！

小泉心想：同样是在铁轨上运行的列车，为什么磁悬浮列车能跑得这么快呢？

知识点

磁铁的"同性相斥"

每一块磁铁都有南极和北极。我们把磁铁同是南极的两个磁极叫作同名磁极，把一个南极、一个北极的两个磁极叫作异名磁极。同名磁极相互排斥，异名磁极相互吸引，这就是我们常说的**"同性相斥，异性相吸"**。

我们可以把磁悬浮列车和磁悬浮列车的轨道分别看成一块磁铁，列车底部和轨道上端正好是两个同名磁极。两个同名磁极之间的巨大斥力把磁悬浮列车从轨道上"顶"了起来，使得磁悬浮列车在运行时不必与轨道接触。没有了车轮和铁轨的摩擦力，磁悬浮列车运行的阻力大大减小，自然就跑得快了。

延伸思考

磁悬浮列车悬浮在轨道上运行，除了运行速度快外，因为没有与铁轨的摩擦力，所以磁悬浮列车的噪音也很小，运行起来，也更加平稳、舒适。利用磁悬浮力作为驱动力，列车没有尾气排出，因而更加环保。

既然磁悬浮列车的运行速度比高铁、动车快得多，还具有这么多优点，为什么高铁已经十分普及，磁悬浮列车却比较少见呢？

这是因为磁悬浮列车的缺点同样不可小觑。因为磁悬浮列车没有与铁轨接触，所以当列车需要刹车时，就需要克服很大的惯性，危险系数比较高。此外，我国对于磁悬浮列车技术的掌握程度远远不如对高铁技术的掌握程度，而且磁悬浮列车在造价上，也远远高于高铁。这些都导致磁悬浮列车目前难以推广。未来，磁悬浮列车的难题还需要同学们一起来解决，以让它更好地为我们服务。

Part 3

第三部分

走进神奇的电磁世界

9. 有趣的电磁线圈实验

六（1）班正在上科学课。讲台上，范老师准备了一个铁钉，一根导线，几节电池，一袋回形针。范老师问：“同学们，谁能把这个铁钉变成磁铁呢？”

同学们你看看我，我看看你，陷入了思考。小昂想到了前几天科学课上学过的有关磁化的知识，灵机一动，举手回答道：“老师，我想试一试！”

范老师给了小昂一个鼓励的眼神。小昂走上讲台，用导线在铁钉上缠绕了好几圈，然后将导线的两头分别接在一节干电池的两头，然后说：“老师，磁铁做好了。”

范老师点点头，说：“让我们来验证一下。”说完，范老师把回形针放到铁钉附近，果然，几枚回形针被铁钉吸了起来。范老师赞许地对小昂说：“不错，小昂，你对前几节课所学的知识掌握得非常好，那么，你有办法让铁钉吸上更多的回形针吗？”

小昂挠了挠头，不好意思地说：“老师，我想不出来了。”

范老师示意小昂回到座位上，对大家说：“那同学们来看老师做个实验。”范老师先把导线在小铁钉上又多缠了好几圈，接着把导线的两头接在电池的两头。不久之后，铁钉吸引的回形针数量比刚才明显增多了。范老师又将两节干电池接在一起作为电源，然后接通导线，一段时间后，更多的回形针被吸引到了铁钉上。

范老师问道：“同学们，你们发现规律了吗？”

知识点

了解“电磁铁”

像小昂所做的实验那样，将一个铁芯用导线缠绕，当导线中有电流通过时，铁芯就会具有较强的磁性，当导线中没有电流通过时，铁芯不具有磁性，这样是否具有磁性由电流决定的磁体，我们把它们叫作**电磁铁**。

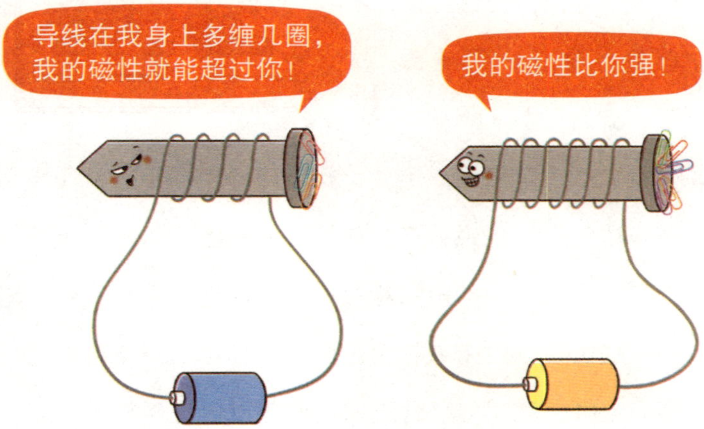

电磁铁的磁性与电流息息相关，电流越大，电磁铁的磁性越强。范

老师给电磁铁接上两节干电池，目的就是增大导线中的电流，所以电磁铁能够吸引更多的回形针。

除此之外，电磁铁的磁性强弱还和缠绕的线圈圈数有关。圈数越多，电磁铁的磁性就越强。

延伸思考

在工厂里，驱动机械的电流常常达到几百安。如此巨大的电流，直接用开关控制是非常危险的。因此，聪明的科学家们利用电磁继电器来规避这种风险。

电磁继电器就像一个“开关”，它能够实现用低电压、弱电流的电路来控制高电压、强电流的电路。电磁继电器的主体是一个电磁铁，此外，还有衔铁、弹簧、触点等结构。当我们把电磁继电器接在低压电路中，让较弱的电流通过电磁铁时，电磁铁产生磁性，将它上方的衔铁吸住，与衔铁相连的触点下降与高压电路中的触点相接，使高压电路闭合。断开电磁继电器的电流，电磁铁失去磁性，衔铁就会弹起，带动电磁继电器的触点与高压电路的触点分离。这样，就实现了通过控制弱电流的电磁继电器来控制强电流的高压电路的目的。

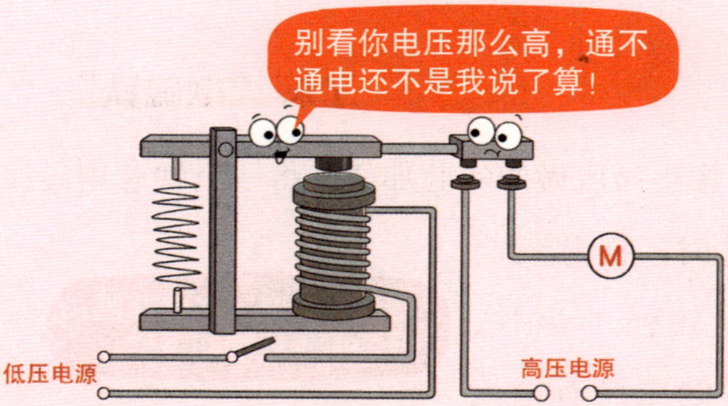

10. 力大无穷的电磁起重机

阿川的爸爸是钢铁车间的工人，闲暇时，爸爸会给阿川讲自己的工作。阿川自小就对钢铁这些冰冷而坚硬的金属特别感兴趣，时常缠着爸爸问东问西，却总是意犹未尽。

爸爸告诉阿川，钢铁的重量十分巨大，每次处理废材时，动不动就是成千上万吨钢铁。阿川惊叹道：“哇！这么重的废钢材，多少大力士也搬不动吧！”

爸爸摇摇头，说：“事实上，我们只需要一台电磁起重机就可以了。它通上电后，就能吸起几十吨甚至上百吨的钢材，用不了多少时间就能把废钢全部搬运完毕。”

说完，爸爸还拿出照片给阿川看，照片中的电磁起重机下吸着大铁钉、钢筋、钢板等形形色色的废弃钢材。这些废材把电磁起重机下面占得满满当当的，但电磁起重机依然能稳稳地吸住它们。

阿川赞叹道：“好厉害的电磁起重机，它真是力大无穷啊！”

知识点

电流的磁效应

磁能够生电，那电能不能生磁呢？把一根磁针放在导线的上方，使磁针方向与导线平行，当导线中有电流通过时，磁针会发生偏转；当电流反方向通过导线时，磁针的偏转的方向也会相反。这说明电流周围存在着磁场，而且磁场的方向和电流的方向有关。通电导线周围存在着与电流方向有关的磁场，这种现象叫作**电流的磁效应**。

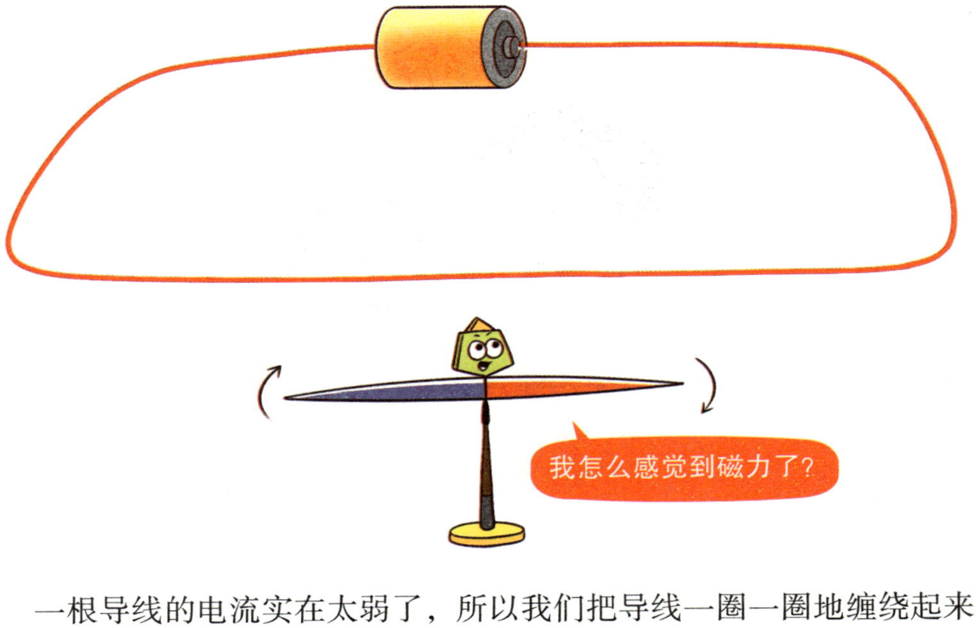

一根导线的电流实在太弱了，所以我们把导线一圈一圈地缠绕起来，成为一个螺线管，这样每一圈导线的磁场叠加起来，磁场就会强很多。如果在线圈中插入铁芯，就形成了我们学习过的电磁铁。

电磁起重机就是应用了电流的磁效应。在电磁起重机内，大电流通过线圈，形成了强大的磁场，磁场产生的巨大吸引力能够吸起百吨的废钢材。

延伸思考

通电导线周围存在磁场。当导线变成螺线管时，通电后产生的磁场就发生了叠加，此时，通电螺线管就像一块条形磁铁，它的两端正好是两个磁极。那么，我们如何确定通电螺线管的磁极呢?

把一个小磁针放在通电螺线管的两端，能够吸引小磁针南极的那一端，是通电螺线管的北极，反之，则是通电螺线管的南极。但是，每次都需要小磁针来判断通电螺线管的磁极太麻烦了，有没有简便易行的方法呢?

我们可以用自己的手来判断通电螺线管的磁极。用右手握住通电螺线管，让四指指向电流的方向，此时，大拇指所指的方向就是电磁铁的北极。这个简便易行的方法就是安培定则。

11. 发电机是怎么工作的

在小夫回家的必经之路上，有一条巷子的路灯坏了。白天还好，一到晚上，黑灯瞎火的，小夫都不敢出门，平时也是早早回家，避免走夜路。

可是，这天晚上，妈妈带着小夫去看电影，结束时已经晚上九点了。虽然有妈妈在身边，但想到一会儿要走黑巷子，小夫还是忍不住发怵。似乎是看出了小夫的害怕，在停车场停好车后，妈妈从车里拿出了一个带着小把手的手电筒。

“哇！妈妈！你还有这么个宝贝啊！”小夫高兴地说，觉得走夜路也不那么可怕了。

走这条路灯坏了的黑巷子口，小夫按下了手电筒的开关，手电筒却没有亮。小夫晃了晃手电筒，又试了一下，手电筒还是毫无反应。小夫无奈地说：“妈妈，手电筒怎么不亮啊？害我白高兴！”

妈妈笑着接过手电筒，说：“急什么，手电筒好久没

有用了，没电了也正常，你看我的。”说着，妈妈开始摇动手电筒的小把手，摇了一会儿，手电筒就发出了微弱的光。妈妈又加快速度摇动把手，手电筒的光越来越亮，不一会儿，终于完全正常了。

妈妈领着小夫走进这条黑巷子。期间，若是手电筒的光暗下来了，妈妈就摇一摇把手，使手电筒一直保持照明状态。

进了家门，小夫好奇地摇起手电筒的把手问妈妈：“为什么摇摇把手，手电筒就有电了呢？”

知识点

磁生电原理

在妈妈摇动手电筒的把手时，其实是在通过一个手摇发电机给手电筒提供电能。同学们是不是总是听到发电机的名字，比如风力发电机、火力发电机、水力发电机？那么，发电机到底是什么，是如何发电的呢？

磁体附近有磁场分布，因此，科学家用一种虚拟的线来描述磁场的分布，我们把这种虚拟的线叫作**磁感线**。在磁体外部，磁感线总是从北极出发，回到南极。当闭合电路中的导体在磁场中做切割磁感线的运动时，导体中就会产生电流，这就是**磁生电原理**，也是发电机工作的原理。

发电机主要由两部分组成，一部分是两个磁极，一部分是线圈。线圈在磁极之间转动，切割磁感线，就能产生电流。大型发电机通过线圈的电流很大，因此在设计时也会采取线圈固定不动，磁极转动的方式。发电机中固定不动的部分叫作定子，转动的部分叫作转子。发电机就是这样一个把动能转化成电能的装置。

延伸思考

如果把导线接在电流表的两端，就形成了一个闭合回路。让其中一段导线在磁场中做切割磁感线运动，我们会发现，电流表的指针会左右摆动，也就是说，导线中产生了电流，而且电流的方向和大小是随时间变化的。这种电流叫作交变电流，简称交流。我国的电网就是用交流供电的。

而我们之前学习的用几节干电池供电的电路，电流从干电池的正极流出，负极流入，方向没有发生变化，我们把这种电流称为直流电，电流的大小和方向不会发生变化。

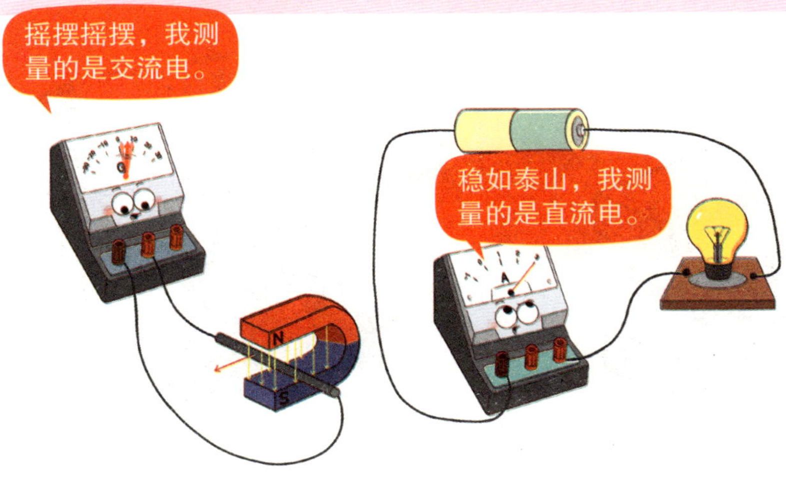

Part 4

第四部分

无处不在的电磁波

12. 收音机的信号从哪里来

阿永的爷爷今年退休了。怕爷爷在家里无聊，爸爸特意给爷爷买了一台收音机。自从有了收音机，爷爷总会坐在院子里，一边闭目养神，一边听着收音机。

周末，阿永会去爷爷家陪爷爷聊天解闷，有时也会陪爷爷一起听收音机。阿永以前有些瞧不上收音机，总觉得在信息高速发展的现代社会，手机、电脑、平板已经如此普及，使用收音机显得太低档了。但是，自从陪爷爷听了一次收音机后，阿永对收音机的印象大为改观。别看收音机灰头土脑、很不起眼的样子，却能收听很多频道，新闻、戏曲、故事……甚至阿永特别喜欢的流行歌曲和体育赛事统统都有。

在一个周末，阿永和爷爷一起听了一下午的收音机，却还嫌不够过瘾，阿永忍不住感叹："收音机原来也这么好用呀！"

一旁的爸爸笑着说：“让你平时小瞧收音机！它可是和手机用一样的方式接收信号的呢！”

阿永惊讶道：“是吗？收音机也这么高科技？”

知识点

认识“电磁波”

阿永的爷爷打开收音机，听到的是电磁波传来的声音；我们打开电视，看到、听到的都是电磁波传来的画面和声音；我们拿起手机接电话时，听到的也是电磁波传递的语音……电磁波在信息传递中扮演着很重要的角色。

就像绳子振动能够形成绳波，水面振动能够形成水波，物体振动能够产生声波一样，当导线中的电流快速变化时，也会在空间中产生一种波。由于电生磁的原理，这种波与电流和磁场都有关系，我们把这种波叫作**电磁波**。

电磁波是横波，电磁波的传播不需要介质，即

使在真空中也能够传播。正因为如此，电磁波成为传播信息的上佳选择。

收音机、电视、手机都是靠电磁波通信的。在发射信号端，人们先将声信号转变为电信号，然后由电磁波带着这些信号在空间中传播。在接收信号端，人们又利用接收机接收这些电磁波，将其中的电信号还原成声信号。

延伸思考

电磁波是一个庞大的家族，我们按照波长或频率的顺序将电磁波排列起来，就是电磁波谱。通常，收音机、电视、手机等传递信息时使用的是频率较低的无线电波。接下来，按照频率由低到高的顺序，依次是红外线、可见光、紫外线、X 射线和 γ 射线。无线电波用于通信，红外线用于遥感、热成像，可见光让我们看到五彩缤纷的世界，紫外线常用于消毒，X 射线用于 X 片和 CT 检查，γ 射线用于治疗……电磁波谱中的每一个成员，都有自己发挥作用的领域。

13. 电视为什么能够收到地震预警

星期天的下午，悦悦一个人在家看电视。忽然电视屏幕上跳出一行文字：“注意注意，云南 XX 正在发生 5.4 级左右地震，地震横波还有 44 秒后到达本市，请合理避险……”接着，电视里传出短促的警报声和倒计时的报数声。

悦悦吓坏了，连忙从沙发上跳起来，打开房门就往楼下跑。还好她家所在的楼层不高，她很快就到了楼下，随后地震如期到来，但她只感到有轻微的震感，可以说是“有惊无险”地躲过了地震。

事后，悦悦心中多了不少疑问，她想：我所在的位置离震中有 300 千米远，为什么会收到地震预警呢？而且科研人员怎么会知道地震还有多久到达呢？难道他们会未卜先知？

知识点

电磁波“跑赢”地震波

地震预警看起来非常神秘，其实利用的就是“电磁波比地震波‘跑得快’”的原理。地震波就是从地震的震源处向四处传播的振动，主要包括纵波和横波。纵波在地壳中的传播速度大概是 5.5 ~ 7 千米 / 秒，它最先到达震中，会让地面发生上下振动，破坏性比较弱；横波在地壳中的传播速度大概是 3.2 ~ 4.0 千米 / 秒，它比纵波后到，会让地面发生前后、左右抖动，是造成建筑物破坏的主要原因。

与地震波相比，电磁波的速度是极快的，大概为 30 万千米 / 秒，而广播、电视、手机都是通过电磁波传递信息的，因此科研人员利用这一点，赶在横波到来前给人们发布预警，一般能够比横波提前几秒到几十秒的时间，人们也可以利用这段时间寻找紧急避难所，保护自己的生命安全。

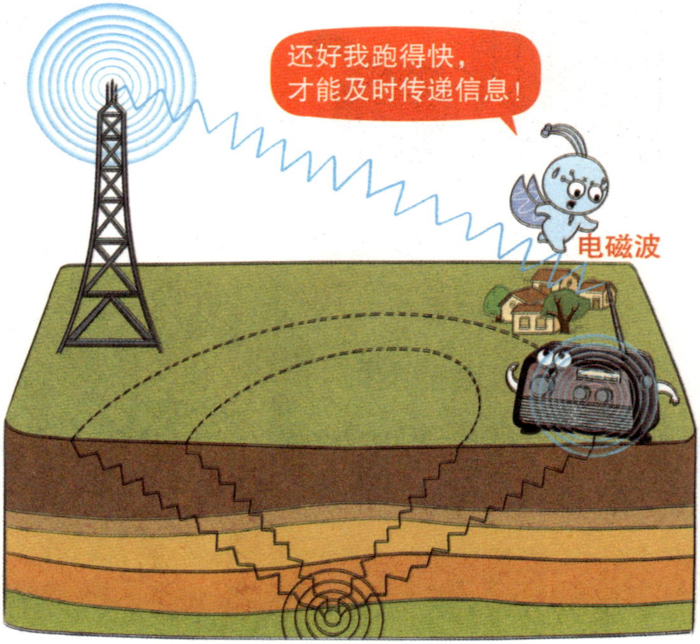

延伸思考

“电磁波”这个词语听上去有些陌生，可是在生活中，它的用途可真不少。首先，人们可以用它来通讯通信，像广播就是先把声信号转变成电信号，再通过高频振荡的电磁波向周围空间传播发射，收音机等接收设备接收到了这些电磁波后，就会把里面的电信号再转换成声信号，我们就能够听到各种各样的消息了。

其次，电磁波还可以应用在医疗领域，我们经常听说的“X 线检查”，用到的 X 光（即 X 射线）就是电磁波的一种，它在穿透人体时会被人体不同程度地吸收，之后会在荧光屏等设备上显示出不同密度的阴影，可以帮助医生判断人体某一部分是不是正常。

此外，手机、卫星、导航仪、遥控器、微波炉、电磁炉等都离不开电磁波，所以人们才会把它称为生活的“好帮手”。

14. 微波炉的妙用

一个美好的周末，墨墨早上起来后，发现爸爸妈妈都不在家。墨墨洗漱完走到餐桌前，发现桌上有一张妈妈留给她的纸条。妈妈告诉墨墨今天他们都有事外出，早饭和午饭就让墨墨自己解决了。

墨墨心想：这还不容易嘛！她打开冰箱，拿出昨天买的三明治，熟练地放进微波炉里，把时间旋钮旋到 1 分钟，火力旋钮默认在 100 度。微波炉开始加热后。炉里明黄色的光芒亮起，底盘缓缓地旋转起来。

一分钟后，墨墨打开微波炉，三明治已经变得松松软软，散发出香气了。不过，墨墨知道这时的三明治非常烫手，她拿了一双筷子把三明治夹到盘子里，又拿出一瓶牛奶，准备美美地享用早餐了。

中午，墨墨又用微波炉热了一个粽子，午餐就轻松解决了。

傍晚，爸爸妈妈终于回家了，妈妈立刻着手准备晚饭，爸爸和墨墨也去厨房打下手。在妈妈的指挥下，墨墨把昨天晚上剩下的鱼从冰箱里拿出来，用微波炉加热好后送上餐桌。

看着餐桌上热气腾腾的鱼，墨墨想起今天的每一餐饭都用到了微波炉，忍不住感叹:“微波炉真是妙用无穷啊！”

知识点

微波的应用

微波具有似光性、穿透性、非电离性。似光性是指微波能像光线一样传播、聚集；穿透性是指微波能够深入物体的内部；非电离性是指微波能够改变物质内部的运动状态，但尚不能改变物质分子的结构。

基于这些特点，微波主要应用于通信和雷达。微波通信设备的利用率高，管理方便；信息传输的可靠性高、保密性强。利用微波工作的雷达，能够获得被测目标更多的信息。

此外，微波还在工业、农业的生产中用于测量和加热。微波测量可以不接触被测物体，特别适用于流水线生产。而在医学上，微波则可用于治疗和灭菌。

延伸思考

除了家喻户晓的微波炉，微波加热还应用于纸类、木材、树脂等的物理加工过程。大家在使用微波炉时，有没有发现微波炉加热食物的速度特别快，这是什么神奇的效力呢？

在使用微波炉加热时，物体在微波的作用下分子热运动会变得非常剧烈，使得物体的内能迅速增加。又由于微波可以深入物体内部，所以使用微波加热时，物体内部外部几乎同时升温。这两个特点加在一起，使微波具有了极快的加热速度。而我们普通的加热方法往往是通过热辐射或热传导由外而内使物体升温，且对分子热运动的加速作用也没有微波明显，所以耗时就会多一些。

水分子比其他分子更容易吸收微波的能量。因此，含水量高的物体在使用微波加热时升温更快。

太有意思了！生活中的物理

⑥ 量子力学篇

高盈恺◎编著

航空工业出版社
北京

内容提要

《太有意思了！生活中的物理》是一套专门为小学生编写的趣味物理科普读物。将物理学知识融入到日常生活中，用通俗易懂的语言解析物理原理并做知识延伸，配有大量充满童趣的漫画，带领孩子们走进多彩的物理世界，收获无穷的启迪。

图书在版编目（CIP）数据

太有意思了！生活中的物理．量子力学篇 / 高盈恺编著．-- 北京：航空工业出版社，2023.8

ISBN 978-7-5165-3399-4

Ⅰ．①太… Ⅱ．①高… Ⅲ．①物理学－青少年读物②量子力学－青少年读物 Ⅳ．① O4-49 ② O413.1-49

中国国家版本馆 CIP 数据核字 (2023) 第 117513 号

太有意思了！生活中的物理・量子力学篇

Tai youyisi le!Shenghuozhong de Wuli.Liangzilixue Pian

航空工业出版社出版发行

（北京市朝阳区京顺路 5 号曙光大厦 C 座四层　100028）

发行部电话：010-85672688　010-85672689

三河市越阳印务有限公司印刷　　全国各地新华书店经售

2023 年 8 月第 1 版　　2023 年 8 月第 1 次印刷

开本：787×1092　1/16　　字数：42 千字

印张：3.5　　定价：150.00 元（全 6 册）

Preface

前言

欢迎进入奇妙的量子物理世界！当经典物理学没有办法继续解释更多、更复杂的现象时，量子物理便应运而生。普朗克量子、光的波粒二象性、薛定谔的猫、量子纠缠……这些都是在量子物理领域占有一席之地的科学知识，能够吸引人们研究和学习的兴趣。

本书作者化身科学使者，以浅显易懂、深入浅出的叙述，在脑洞大开、妙趣横生的画面里，带领孩子在这个神奇的量子物理世界中畅游。

真空真的是空无一物吗？平行世界里有多少个不同的自己？时间旅行真的存在吗？量子计算机为什么能够那么快……其实，很多奇特有趣的问题，都可以让孩子自己去解锁答案。通过快乐的阅读，孩子能够收获新知，满足好奇，拓展视野，探索未来，逐渐把握与未来生活息息相关的前沿科学。

Contents

目录

01

走进量子世界

02

纠缠中的宇宙

03

混乱的时间

04

身边的量子技术

Part 1

第一部分

走进量子世界

1. 量子到底是什么

灵灵和她的好朋友深深、阿容坐在操场边玩一个叫作“接龙谁最小”的游戏。灵灵说：“大海广阔无垠，我们就从大海开始往下接龙吧！”

深深说：“‘百川东到海’，比大海更小的是江流。”

阿容说：“江是大的水道，河是小的水道，那比江流更小的是河流！”

灵灵说：“比河流更小的，那就是小溪了！”

说完一圈，又轮到深深接龙了。深深想了想说：“小溪是一点一滴的水汇聚而成的，那比小溪更小的，就是一滴水。”

阿容嗔怪道："深深，你也太不客气了，一下子就从小溪变成一滴水，这叫我怎么往下接呀！"

灵灵想了想说："比一滴水更小的，应该是水分子。"

灵灵的话给大家提供了一个新的思路，阿容想了半晌，犹豫地说："比水分子更小的，那应该是构成水分子的原子了。"

还有比原子更小的物质吗？游戏一下子陷入了僵局。这时，一直悄悄在旁听的科学老师忍不住说了一句："原子也是可以继续分割的，它还可以分成原子核和电子。原子核其实也可以继续分割，目前认为构成物质最小的微粒是夸克。"

灵灵忍不住感慨："原子已经够小了，还能再往下分割，那我们该怎么去描述这些看不见的粒子呢？"

老师笑了笑，说："科学家早就考虑到了这个问题，他们用一个叫作'量子'的概念来描述微观世界。"

听了老师的话，三个小伙伴都陷入了思考：量子到底是什么，如何来描述微观世界呢？

知识点

认识量子

在物理学上，如果一个物理量存在最小的、不可分割的基本单位，那么这个物理量就是量子化的，这个物理量的最小单位就是**量子**。量子并不是分子、原子那样的微观粒子，而是一种状态，或者说是一个物理学的概念。因此，我们不能简单地说分子或者原子是由量子组成的，但量子可以用来研究分子、原子等各种基本粒子的结构和性质。

最初，一个叫作普朗克的科学家在研究能量时，发现能量似乎并不是连续的，而是存在一个“最小能量单位”。而且能量只能取这个最小单位的整数倍，因此他提出“能量子”的说法来描述这个“最小能量单位”。随着科学研究的不断进展，科学家们发现很多物理量都存在着像能量这样的最小单位，并由这一份份的最小单位组合而成，并非连续不断的。因此，研究能量的“能量子”逐渐成为了研究微观世界的“量子”。

延伸思考

19 世纪，继伦琴发现 X 射线后，贝克勒尔又发现了天然放射现象，证明了原子核内部还有复杂结构，物理学研究开始进入微观领域。在此之前，宏观的物理世界以牛顿定律为传统经典理论，进入崭新的微观领域后，科学家们发现，很多现象都无法用经典物理理论来阐释。为此，普朗克率先引入了

“量子”的概念。随后，一代代科学家不断研究完善，终于诞生了量子力学！

量子力学主要研究物质世界中微观粒子的运动规律，是现代物理学的理论支柱之一。量子力学体现了物理学革命性地发展，它极大地改变了人们对物质的结构及其相互作用的认识。

2. 物质为什么能够保持稳定

妈妈在家进行大扫除，整理出了一箱子的杂物，准备把它们扔掉。萱萱忽然看到里面有一个布偶熊。这个布偶熊是萱萱几年前的生日礼物，萱萱很喜欢它。可惜，布偶熊不知怎么很快就找不到了，萱萱为此还难过了好久。现在重新见到布偶熊，萱萱真是又惊又喜，连忙把它从箱子里拿出来，把布偶熊身上的灰尘拍打干净，布偶熊露出了本来面目，它还是和萱萱记忆中的一模一样，让萱萱倍感亲切。

抱着布偶熊玩了一会儿，萱萱忽然觉得很奇妙：几年过去了，自己长高长大了，可布偶熊还是老样子，一点也没有变。萱萱环顾了一圈家里，发现一切都是那么熟悉——沙发、茶几、餐桌、橱柜，从她有记忆以来就在那里摆着；冰箱是她刚上小学时买的，空调是前年刚装的新的，杯子、水果盘都是几个月前买的……

萱萱问妈妈：“妈妈，为什么我们周围的这些物品，都不会有什么变化？桌子不会变形，水杯不会自己碎掉，是什么让它们这么稳定呢？”

妈妈说：“这个呀，要去微观量子世界找答案！”

知识点

认识微观量子世界

在微观世界里，我们已经接触到了分子、原子的概念，它们都是微观量子世界的成员。在生活中，我们可以用肉眼观察到的宏观物体，都

是由原子构成的。最初，科学家们认为原子一定是实心的，密密匝匝地排列起来构成物体，才能使物体稳定。但是20世纪初，英国物理学家卢瑟福用一种叫作α的粒子轰击金箔，发现大部分α粒子能够轻易地穿透金箔！如果原子是实心的，那它们组合形成的物体一定只有极小的间隙可以让α粒子通过。但是现在，大部分α粒子都能顺利通过，这说明原子内部是空的。那么，一个大部分是空隙的物体如何保持稳定呢？

经过科学家的不懈努力，终于发现，原子内部有一个特别小，特别坚硬，并且带有正电荷的物体，叫作原子核，原子核又由质子和中子构成，其中，中子不带电，质子带正电。在原子核周围，围绕着许多带负电的电子，被称为电子云。原子核中的质子和电子带的电量相等，所以原子并不带电。原子核和电子之间相互吸引，产生向内的吸力，使物体不会向外爆炸；而不同电子之间，又存在着向外的斥力，使得物体不会向内塌陷。就这样，物体就保持了稳定的状态。

延伸思考

核裂变是指一个较重的原子核分裂成几个较轻的原子核的过程。在这个过程中，原子核的质量发生亏损，转化成能量释放出来。核裂变会释放出巨大的能量，这个能量又能导致其他原子核继续发生核裂变，形成链式反应，释放更大的能量。原子弹、核电厂就应用了核裂变的原理。

核聚变正好和核裂变相反。核聚变是在极高温和高压的环境下，原子核外的电子摆脱原子核的束缚，使两个原子核相互吸引而碰撞在一起，产生新的质量更大、能量更大的原子核的过程。整个过程同样产生巨大的能量。氢弹就是利用核聚变的原理制造出来的，我们离不开的太阳也是通过内部的核聚变才释放出了巨大的能量。

3. 光究竟是波还是粒子

六（1）班的最后一节科学课，陈老师站在讲台前，说：“同学们，这是你们在六年级的最后一节科学课了。你们马上要进入初中学习，更需要举一反三的科学思维。所以，今天我们来举行一场辩论赛，请大家用小学阶段所有的知识来辩一辩：光究竟是粒子还是波？”

同学们分成两组，很快就争论开了。正方的同学认为光是波，给出了很多例子：

“光波光波，光当然是波了！”

“是啊，老师告诉过我们，光能够绕过障碍物，两束很近的光，还会互相影响，这不都是波的特性吗？”

“没错！光能够在真空中传播，光是一种电磁波。”

反方的同学也不甘示弱，他们持“光是粒子”的观点，提出了有力的反驳：“光是沿直线传播的，这不是‘光是粒子’的最明显的证据吗？光如果是波的话，怎么沿直线传播呢？”

一直到下课，两组同学依旧没有辩论出个所以然来，两方也都无法驳倒对方。

那么，你认为光是波还是粒子呢？

知识点

“波粒二象性”原理

事实上，光既是波，也是粒子。波是物质的一种周期性的运动形式；粒子性是指粒子具有一定形状、大小、质量，不受到外力时沿直线运动等的性质。关于光究竟是波还是粒子的争论，曾经也在科学界掀起轩然大波。这场辩论长达几个世纪，最终科学家们不得不承认：光

既具有粒子的特性，又具有波的特性。这样的性质被称为**波粒二象性**。

波粒二象性最初由光引出。随着科学研究的不断深入，科学家们发现，微观粒子都具有波粒二象性。所有的粒子部分特性可以用波的术语来描述，部分特性可以用粒子的术语来描述。由于粒子是构成物质的基础，因此量子力学认为所有的物体都具有波粒二象性。只是，对于宏观物体而言，粒子性远远大于波动性，而对于微观物体而言，观察它的波动性会更加容易。这也是为什么经典力学能够解释宏观世界的现象，却无法应用于微观世界的原因。

延伸思考

在《光学篇》中，我们已经了解了光的干涉、衍射、偏振现象，这些都是光具有波动性的有力证据。那么，哪些实验证明了光具有粒子的特性呢？

最著名的实验是光电效应实验——当光照射在金属表面时，金属表面会有电子射出。伟大的科学家爱因斯坦对此做出了解释：光是由一份一份的光子组成的，当光射在某些金属表面时，某一光子的能量会被金属中的某个电子吸收。那么这个电子的动能会立刻增加，直至能脱离原子核的引力束缚，逸出金属表面。

康普顿效应也同样著名。美国物理学家康普顿在进行X射线的散射时，被散射后的光谱中出现了比原波长更长的波长。这是因为当光与散射物体的外层电子碰撞时，光子的一部分能量转移到了电子上，光子的能量下降，频率减小，波长变长。

光电效应和康普顿效应都有力地支持了光的粒子特性。

4. 盒子里的猫还活着吗

小强正在读一本科普书籍，其中有一个名叫作“薛定谔的猫”的思想实验吸引了他的注意。

薛定谔是一位奥地利物理学家，某天他突然脑洞大开，想到了这样一个奇特的实验：假设有一只密封的不透明盒子，里面关着一只小猫，还有一种奇特的装置。这个装置由上、下两部分组成，上半部分是一个装有放射性物质镭的继电器，控制开关上连接着一把锤子；下半部分是一只瓶子，里面装有剧毒氰化物。随着继电器里的镭发生衰变，开关会被触动，锤子就会落下来砸破瓶子，氰化物就会发生泄漏，有毒气体很快就会充满盒子……

看到这里，小强露出了怜悯的表情，他想：这只可怜的猫肯定会死去的。

然而，事情可没有他想的那么简单，根据量子力学理论，这只猫是生是死，结果还真不一定：因为控制毒气瓶开关的镭发生衰变的概率是50%，也就是说，镭有“发生衰变”和“未发生衰变”两种情况，而造成的结果对应的就是毒气瓶处于“被砸破”和“未被砸破”两种状态，那么盒子中的猫就有可能死去，也有可能活着……

“这不是自相矛盾吗？”看完了整个实验，小强感到非常迷惑，你能为他解释清楚这个问题吗？

知识点

“薛定谔的猫”思想实验

在微观量子世界，粒子处于一种不确定的状态，如果我们不去观测，它的位置、动能、速度都是无法确定的，所以科学家们提出了量子系统的“叠加态”：一个粒子既可能在A处，又可能在B处，不去观测，它就处于A、B两处的叠加态；一个原子核既可能发生衰变，又可能没有发生衰变，它就处于衰变和未衰变的叠加态。

可是薛定谔并不同意这种看法，于是提出了“薛定谔的猫”这个思想实验。猫究竟是死去还是活着，取决于人们是否进行了“观测”。如果不进行观测，当盒子处于关闭状态时，整个系统会一直保持不确定的状态，也就是猫处于既死了又活着的“叠加态”，但这与宏观世界的结果是矛盾的，现实中的猫不可能存在这种状态，所以薛定谔认为量子力学并不是一个完备的理论。至今科学界对此也还没有统一的观点，所以我们还需要继续去寻找宏观与微观世界之间的联系，才能搭建起量子物理学的“大厦”。

延伸思考

“薛定谔的猫”虽然成为了让科学家都感到头疼的难题，但它也从侧面证明了一点：量子世界和我们看得见，摸得着的宏观世界确实有不同的运行机制。

我们在日常生活中常常要面对“不是 A 就是 B”的抉择，但在微观量子世界中，粒子却可以有“既是 A 又是 B”的叠加态。这一点科学家们也已经

进行了多次实验，并在微观世界中得到了论证，对此薛定谔一直耿耿于怀。

这种量子的叠加特性推动了科学技术的进步，如量子计算机就是其中之一，传统计算机用 0 代表假，用 1 代表真，0 和 1 还可以表示二进制数据，从而将所有的信息转化为 0 和 1 组成的代码。而量子计算机却可以利用“既是 0 又是 1”的量子叠加态来进行运算，因而能够具备传统计算机无法想象的超级运算能力。

5. 爱因斯坦也会犯错

有一天，妈妈检查小畅的作业，发现她的科学作业中有一道题解错了。妈妈仔细看了看，发现小畅把一个公式记错了，妈妈立刻严厉地批评了她。

小畅订正完作业后，觉得有些委屈：只是一个小小的公式，妈妈至于大动肝火地批评我吗？看出小畅心情不好，爸爸温和地给她解释：“小畅，你别小看一个公式，一条定律，这可是无数科学家经过不断试错才总结出来的呀！”

小畅立刻来了精神：“不断试错？爸爸，科学家们也会犯错吗？像牛顿、爱因斯坦这样赫赫有名的科学家，他们不是一言九鼎的吗？”

爸爸笑了笑，说：“傻孩子，哪有什么可以是一个人说一句话就能定下的？那都是要经受一次又一次实验的检验，才能最终得到世界公认的啊！即使伟大如爱因斯坦，也犯过不小的错误呢！就拿‘量子纠缠’来举个例子吧。‘量子纠缠’刚刚被提出来的时候，爱因斯坦就讥笑它为‘鬼魅’。但后来的事实证明，‘量子纠缠’是正确的，爱因斯坦也被打脸了呢！”

小畅迫不及待地问：“‘量子纠缠’究竟是什么？竟然能让爱因斯坦也栽了跟头，我也好想知道呀！”

爸爸说：“简单地说，‘量子纠缠’是说几个粒子一旦发生相互作用后，它们的个性就会丢失，只剩下整体的特性，而且这种影响能够超越时空的阻隔而存在。”

小畅震惊地说：“这太不可思议了！难怪爱因斯坦也不相信呢！”

知识点

奇特的“量子纠缠”

在量子力学里，当几个粒子在彼此相互作用时，各个粒子拥有的特性便会综合成整体特性。在这种情况下，我们无法描述单个粒子的特性，只能描述整体的特性。这种现象叫作**量子纠缠**，也称为量子缠结。更为神奇的是，当两个粒子开始纠缠后，即使把它们分开几万光年的距离，它们之间的相互作用依然存在。我们如果改变其中一个粒子，那么另一个粒子也会发生变化。正因为如此，量子纠缠颠覆了很多科学家的认知，被爱因斯坦讥讽为“鬼魅般的超距作用”。

延伸思考

对于量子纠缠现象，科学家们总结出了主流认可的三个特征。第一，量子纠缠只存在于量子世界，不存在于宏观世界。因为量子纠缠是粒子的一种属性，是一种客观存在的现象。第二，量子纠缠无限远的超距作用无法被证实。因为人类掌握的科学技术还不能达到无限远的距离，所以无法知道量子纠缠有没有距离的限制。毕竟，现在量子纠缠可以发生的距离就已经远远超过了人类的测量范围。第三，量子纠缠不传递信息和能量。这是因为信息的传递需要载体，最常见的电磁波通信其实是以光子为传播载体的，而量子纠缠中不存在以粒子作为载体。而能量交互本身也是信息传递的一种方式，量子纠缠既然不传递信息，就更不必说能量了。

当然，目前对于量子纠缠的研究还只是冰山一角，也许未来这些观点会遭到质疑甚至推翻，因此，让我们一起努力去探索吧！

Part 2

第二部分

纠缠中的宇宙

6. 如果掉进黑洞怎么办

周末，斌斌参加了一个科学沙龙，题目是：神奇的黑洞。沙龙开始前，主持人吴老师就先提出了一个话题：如果掉进黑洞该怎么办？让大家根据自己的想象进行讨论。

听到这个话题，斌斌忍不住想：黑洞是什么？是像隧道那样又长又黑，还是像枯井那样又深又黑呢？斌斌还没有想出个所以然，就听到快言快语的阿涛开玩笑地说：“要是掉进了黑洞，当然先喊‘救命’了！”

斌斌斟酌着说：“要是黑洞像隧道那样，那就试着往回跑？要是黑洞

像枯井那样，那我大概爬不出来了，估计只能求助周围的人用绳子把我拉上来。或者，我还可以用电话手表打‘110’求救。”

小定平时就喜欢看和宇宙天体相关的科普书籍，也在书上看到过对黑洞的描述，虽然看得不是很明白，但也知道黑洞是一个天体，他说：“黑洞存在于宇宙中，声音无法在宇宙这个环境中传播，喊‘救命’肯定是没人能听见的，不知道电话能不能通过电磁波把求救信息传出去。”

听完大家天马行空的想象，吴老师笑了笑说：“看来大家对黑洞确实不太了解，如果真的掉进黑洞，别说声音，就是连光也传不出去。”

大家纷纷惊讶道：“太可怕了，这是什么东西，竟然连光都逃不出去？”

同学们，你们想了解这个神秘又可怕的黑洞吗？

知识点

黑洞与量子

黑洞是宇宙中的一个天体，它的边界叫作**视界**，它的中心叫作**奇点**。黑洞的**质量非常大**，因此**黑洞的引力也很大**，大到连光都无法挣脱黑洞引力的束缚。同时，黑洞的**体积接近无限小**，以致于黑洞的**密度近乎无限大**。这样的黑洞，里面的**时空已经被扭曲**，时间变成了空间，空间变成了时间。因此，视界里发生的任何事件都不会对视界外产生影响，而视界外的人也永远无法观察到视界内的情况。如果掉进黑洞里，人是无法再往回跑的，因为那意味着回到过去。

黑洞虽然可怕，但依然存在“弱点”。从量子理论来看，黑洞最终会自己走向毁灭。如果一个反粒子被吸进黑洞，由于正粒子和反粒子的一切特性相反，所以就相当于一个正粒子从黑洞逃逸。正粒子携带正能量，反粒子携带负能量，所以这意味着一个携带正能量的粒子从黑洞中逃逸了，根据爱因斯坦的质能公式，

能量就是质量，说明在逃逸过程中黑洞的质量在丢失，这就是霍金辐射。霍金辐射说明黑洞的质量会不断减少，并最终消失。

延伸思考

根据质量和能量守恒定律，如果黑洞不断地吸收周围的物体，那么必然有一个天体能够不断地释放物体，因此科学家们据此提出了“白洞”的构想。

科学家们认为，白洞是宇宙中的喷射源，能够向外部释放物质和能量，但不能吸收外部区域的任何物质和能量。和黑洞一样，白洞也有一个边界，

外面的物质不能进入白洞。

目前，白洞只是科学家们根据黑洞的特性假设出来的理想模型，没有人真正观测到过白洞。不过，很多科学家们都相信，探索宇宙奥妙的关键钥匙就藏在黑洞和白洞之中。

7. 宇宙中的“高速火车”

最近，小谢的学校搬入新校区了，一下子离小谢家远了很多。于是小谢不得不每日早早起来赶公交，以免上学迟到。夏天还好，一到冬天，窗外的天还是灰蒙蒙的，小谢就得和温暖的被窝说再见了。

有一次，小谢在上学路上，碰到一个路口的红绿灯坏了，堵车堵了十几分钟才恢复交通秩序。等公交车到站时，离早自修只有几分钟时间了。小谢赶紧一路狂奔，终于踩着早自修的铃声冲进了教室。坐在座位上，小谢一边气喘吁吁地庆幸自己没有迟到，一边想着自己要是能有像火车一样快的速度就好了，这样就能“嗖”的一下就跑到学校了。

这么一想，小谢做起了白日梦，在第一节科学课上，好几次都想得出了神。科学老师郑老师发现一向认真听课的小谢屡屡走神，便忍不住出声提醒：“小谢，你今天是怎么了，怎么老是心不在焉的？”

小谢惊醒过来，脸“腾”的一下红了，连忙向老师道歉：“对不起老师，我今天早上上学差点儿迟到，之后就老在幻想着自己能有火车一样的速度，一下子就能从一个地方跑到另一个地方。”

听到小谢的解释，同学们哄堂大笑。老师却若有所思地说：“事实上，科学家们也幻想在宇宙中存在着这样的‘高速火车’，能把我们从一个时空迅速带到另一个时空呢！”

知识点

虫洞与量子

虫洞的概念几乎伴随着黑洞产生。在黑洞的研究中，科学家们认识到时空是一个曲面，我们可以把它想象成一个球面。我们要从一个点到另一个点，如果从球面走，要走很多距离，但如果直接通过球心，就能快速地到达目的地。虫洞就是这样的通道。科学家们认为，宇宙中可能存在连接两个时空的狭窄隧道，他们把这种隧道称为**虫洞**，又称为时空洞。虫洞就像大海中的漩

涡，既无处不在，却又转瞬即逝。人们可以通过虫洞进行瞬间的时空穿梭，但是必须得在有限时间内完成穿梭。

虫洞沟通两个时空的能力，是不是和我们学习的量子纠缠十分相似？事实上，目前对虫洞的研究认为，虫洞确实与量子纠缠有着密不可分的关系，虫洞也必须在量子理论的领域才具有讨论的意义。

延伸思考

虫洞理论最初被提出时，很多科学家认为，虫洞虽然在理论上能够沟通距离遥远的两处时空，但由于虫洞的引力十分巨大，会毁灭进入的一切物体，因此无法被人类应用。

但是，随着科学研究的不断进展，科学家们发现，虫洞的超强引力场可以用“负质量”来中和。负质量是指一个物质的质量是负数，这种物质被称为负物质。正物质具有正质量，能够产生正能量；负物质具有负质量，根据质能公式，可以证明它拥有的能量是负能量，这使得负物质能够不断吸收周围的能量。如果把这种具有负质量的负物质应用在虫洞上，它就能吸收虫洞的能量，最终使得虫洞的能量场达到平衡。

虽然负物质还处于假想阶段，并没有被发现，但目前许多实验室已经证明了“负质量”的存在，在未来，虫洞应用于航天事业并非天方夜谭。

8. 太空中的“涟漪”

小风是一个非常痴迷研究天空的孩子，他常常一个人静静地仰望天空。白天，看天上云卷云舒，云朵变换着各种姿态；夜晚，看天上繁星闪闪，每一颗星星都像一只只眼睛。才上四年级的小风已经能认出很多星星了，如牛郎织女星、北斗七星……都能被他轻而易举地找出来。

时令到了秋天，这时的天空是小风最喜爱的。他喜欢坐在阳台上，

看着万里无云，如同被水洗过一般湛蓝的天空，这让他获得了心灵的宁静。妈妈看小风经常在阳台上一坐就是几个小时，问道："小风，你整天在阳台上发什么呆呢？"

小风回答说："妈妈，我在看天空啊！您看，天空如此广阔，如此浩渺！在地球上，大概只有大海可以和它比拟了。可是，大海却远远不像天空那么平静，只要丢下一颗小小的石头，就能激起一圈一圈的涟漪。"

妈妈说："那你可就错了，太空中也有涟漪，而且，不比大海中的涟漪出现的频率低呢！既然你这么喜欢仰望天空，不如去查查资料，看看属于太空中的涟漪吧！"

小风一听颇有兴趣，立刻去图书馆查了很多资料。最终，他惊奇地发现，真的有一种叫作引力波的东西，是太空中美丽的涟漪。

太空中的涟漪长什么样？让我们一起去看看吧！

知识点

引力波

爱因斯坦在广义相对论中，颠覆了我们对时间和空间的传统认知。他认为，时空是一张巨大的弹力网，就像我们玩的蹦床一样。当有质量的物体落在时空这张大网上时，**时空就会发生弯曲**，而如果有质量的物体开始运动，时空的弯曲程度就会不断变化，这种变化会**以波的形式向外以光速传播**，这就是**引力波**。

引力波能够穿透电磁波不能穿透的地方，为我们观测宇宙中的天体提供了一条新的途径。并且，早期宇宙对电磁波而言是不透明的，引力波却可以畅通无阻，因此，引力波可以为我们提供一种观测早期宇宙的方式。

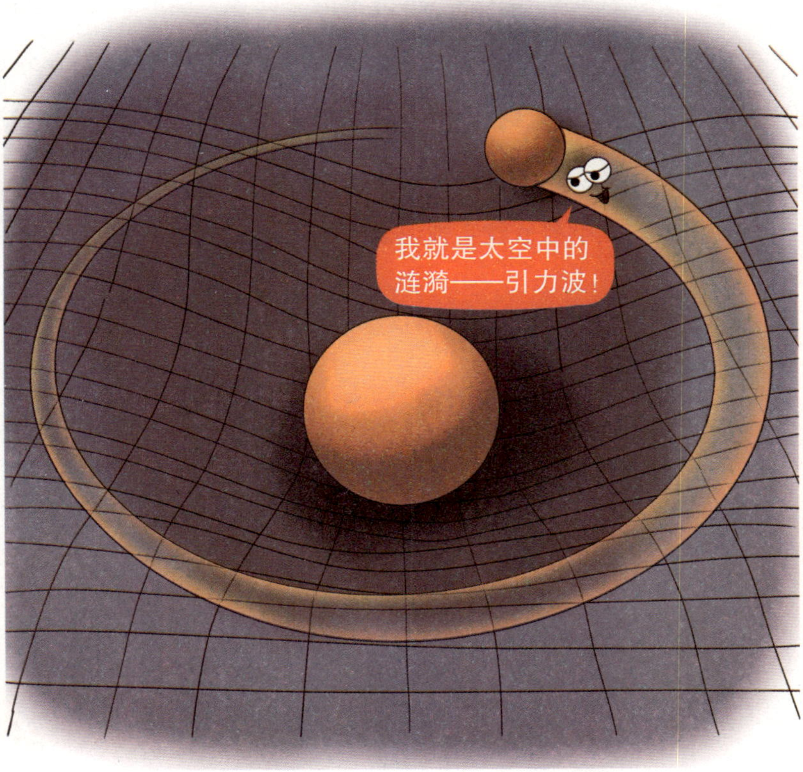

延伸思考

人类首次捕捉并记录下引力波的时间是 2015 年 9 月 14 日，它是由两个名叫 LIGO 的探测仪探测到的。

LIGO 是利用激光干涉的原理探测到引力波的。它由两个互相垂直呈 L 型的真空干涉管臂组成，在L型的拐角处有一个大型激光发射仪和一面分光镜，激光发射仪发出激光到达分光镜，分光镜将激光分成两束，平行射入两个干涉臂中。两个干涉臂的末端都有一面光滑的平面镜，能够将激光原路反射回来，并在拐角处交汇。在正常情况下，两个干涉臂的长度相等，光速相等，两束激光就会在拐角处汇合后因为干涉作用互相抵消。但是在引力波导致的空间扭曲下，一条干涉臂的长度会变长，一条干涉臂的长度会变短，两束激光在传播距离上的微小差值就会被记录下来。人们就用这种方法观测到了引力波。

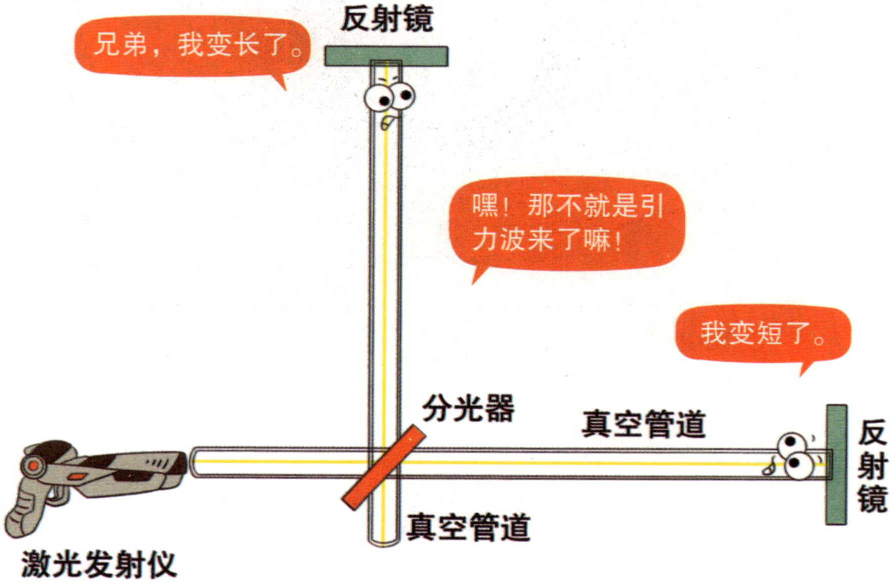

Part 3

第三部分

混乱的时间

9. 时间不是绝对的

今年安安上六年级，马上就要面临小升初了。安安妈妈分外焦虑，一开学就给安安报了一个周六上午的奥数班。而周六下午安安还有一个跆拳道班，他的周六被安排得满满当当的。

奥数实在太难了！每次上课时，安安都觉得就像在听天书。到做练习题的时候，安安更是抓耳挠腮、绞尽脑汁也想不出个所以然来。所以两个小时的奥数课，安安不是头痛欲裂，就是昏昏欲睡。他时不时地瞟一眼教室里的钟，发现时钟的指针总是走得慢吞吞的，简直是度“秒”如年。好不容易挨到下课，安安觉得仿佛已经过去了一个世纪之久。

下午的跆拳道班就不一样了。安安从小学习跆拳道，现在已经快六年了。小小年纪的他已经是威风凛凛的黑带了。运动会开幕式、文艺汇演、元旦晚会……哪里都少不了安安帅气的表演。安

安自己也深深地热爱着这门运动。一想到周六要去跆拳道班，安安从周五就开始翘首以待。周六下午，挥汗如雨的两小时课程，安安却根本感受不到时间的流逝。直到教练宣布下课，安安才惊觉已经过去两个小时了，只好恋恋不舍、意犹未尽地离开道馆。

走在回家的路上，安安奇怪地想：为什么同样是两个小时的课程，奥数课的时间怎么就过得那么慢，跆拳道课的时间就过得那么快呢？

知识点

量子世界的时间

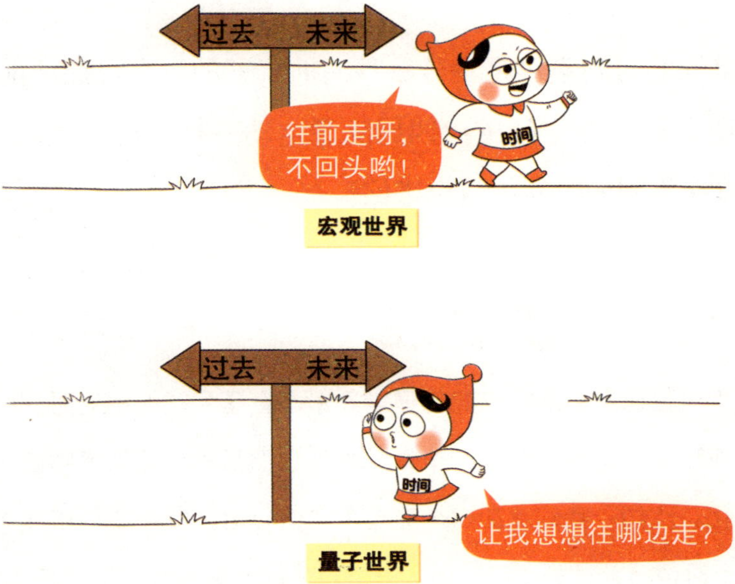

安安的这种感觉，相信很多同学都有过。当我们做快乐的事情时，会感觉时间过得很快，相反，就会觉得时间过得很慢。这感觉和爱因斯坦的相对论不谋而合。爱因斯坦认为，时间和空间一样，是一个相对的概念。

时间不是一分一秒流逝的吗？为什么会是一个相对的概念呢？接下来，让我们从量子世界重新认识一下时间吧！

首先，微观粒子具有不确定性。我们无法测定一个电子的运动轨迹，只能大概估算它在某个位置出现的概率。这意味着如果人们进行观测，电子可能出现在任意位置。美国和俄罗斯的科学家曾经做过一项实验：用量子计算机发射一些粒子，而后改变量子计算机的指令让这些粒子复位，结果发现，不论这些粒子被发射到多远的距离，都能在同一时间回到原位。这就说明量子世界似乎不存在时间的概念。其次，“薛定谔的猫”告诉我们，微观粒子处于“既是 A 又是 B”的叠加态，英国物理学家鲁比诺把这一理论扩展到了时间领域，认为量子系统内的时间可以同时拥有两个进展方向。

这说明，量子世界的时间不再是一分一秒向前流逝的，它可能向前，也可能倒流。就像我们可以在空间中向四周随意走动一样，对于微观粒子而言，它们也可以在不同的时间中自由来回。

延伸思考

在爱因斯坦的相对论出现之前，支配物理世界的一直是牛顿的绝对时空观。牛顿认为，时间和空间是两个独立的个体，并且它们都不随外部事物的作用或观察发生变化。比如，我们参加一个宴会用了两小时，即使我们不参加这个宴会，这两小时依然会过去；再比如，一个箱子的空间能装一个西瓜，即使不装西瓜，箱子中的空间依然存在。它们独立于任何事物之外，并与任何事物都没有关系。这其实和我们平时的观念很吻合，我们一直认为：时间是最公平的。

牛顿的绝对时空观描述的是低速运动的物体。这个低速是以光速为参照物的，因此，即使是飞机的速度，也只能算是低速。这样，在我们生活的宏观世界里，所有的物体都是低速运动的，都符合牛顿的绝对时空观，这也是为什么牛顿的绝对时空观曾经统治了物理学界那么多年的原因。

10. 每个人的时间都不一样

娜娜是个慢性子的小女孩，做事总是有些拖拉，说话的语调也温温吞吞的，仿佛总比别人慢半拍。同学们都善意地笑称她“小蜗牛”。和娜娜相反，娜娜的妈妈却是个雷厉风行的急性子，行事风风火火，说话更是像打机关枪似的“哒哒哒哒”直往外冲。每次，娜娜和妈妈一起出门，总免不了要被妈妈催促一番。

周日，妈妈带娜娜去逛超市。妈妈已经换好衣服，化好妆，挎好小皮包站在玄关处准备换鞋出门了，和妈妈同时开始收拾的娜娜却刚换完衣服，正在慢腾腾地梳头。妈妈等得着急，又开始催促起来：“娜娜，你快点儿啊！这么慢慢吞吞的，多少时间都给你浪费了。每个人的时间都是一样的，怎么能这么虚耗呢？”

娜娜听到妈妈的催促，赶紧加快速度。可是，越着急越容易出错，先是头发老打结，总也梳不通，后又是头绳找不到，娜娜急得眼泪都快出来了，忍不住抱怨了妈妈一句：“您

能别催我了吗？”

爸爸看到母女俩剑拔弩张的架势，赶紧出来打圆场：“都别急，都别急！娜娜，你妈妈说得不对，其实，每个人的时间都不一样，时间是会膨胀的。”

娜娜诧异地问：“每个人的时间竟然不一样？我们的一天不都是24小时吗？”

是啊，我们知道大多数物体都具有热胀冷缩的性质，物体遇热会膨胀，可时间为什么会膨胀呢？

知识点

时间膨胀效应

每个人的时间都是不一样的，这是爱因斯坦的观点。爱因斯坦根据他的狭义相对论提出，时间的游走速度和空间的运动速度成反比。空间里的**运动速度越快，时间流逝就越慢**。科学家们测量一只相对他们运动的时钟A和一只相对他们静止的时钟B，此时对于科学家们而言，时

钟 A 的运动速度快，时钟 B 的运动速度慢。结果发现时钟 A 走得比时钟 B 慢。这说明时钟 A 的时间尺度被拉长了，就好像时钟 A 的时间膨胀了。这就是**时间膨胀**原理。

爱因斯坦提出了光速不变原理，认为目前没有任何速度能超越光速。速度越接近光速，时间膨胀效应就越明显。如果你的运动速度达到光速，时间会静止。当然，这种静止也是相对而言的，只是旁人看到你似乎静止了，但对你自己而言，时间还是在正常流逝的。

延伸思考

狭义相对论在研究时空时，没有涉及引力的影响。后来，爱因斯坦又提出了广义相对论，在狭义相对论的基础上补充了引力因素的影响。结果发现，时间游走的速度还和引力有关。引力越大，时间流逝的速度越慢。我们在地球上受到地心引力的影响，越靠近引力源，即越靠近地面，引力越大。科学家们据此进行了实验，发现高处（引力小）确实比低处（引力大）的时间流逝得快。黑洞就是一个引力非常巨大的天体。因此，在黑洞边缘，时间也会静止，这种静止同样是相对的概念。

11. 时间旅行真的存在吗

小远是个科幻迷，在他的小房间里，摆满了科幻题材的小说。小远平时也会忍不住做做白日梦，想象着自己拥有了科幻小说中的超能力，可以做很多惊天动地的事。

小远最想拥有的是时光穿梭机。他想坐上时光穿梭机回到过去，去和前同桌阿豪诚心诚意地道歉，不要让自己在阿豪转学后空留满腔的后悔；去看看在自己很小的时候就去世了的太爷爷长什么模样；去告诉去年生日那天的自己，不要任性，妈妈忘了买礼物另有隐情……去弥补过去太多的遗憾。小远还想坐着时光穿梭机去往未来，看看未来的自己在读哪所初中、哪所高中、哪所大学，看看长大以后、变老以后的自己是什么模样，看看自己的爸爸妈妈、师长朋友会不会遇到困境……去未来探索更多的神秘。

想得多了，小远便把他的遐想写成了作文，还获得了科幻作文大赛

一等奖。不过，科学老师看过他的作文后，却告诉他，虽然想象很美好，但是时间旅行很可能无法改变过去。

小远不解：如果我们真的能够回到过去，为什么不能改变过去呢？

知识点

时间悖论

爱因斯坦提出相对时空观后，科学家们对于时间的认识和研究进入了全新的领域。在各种科幻作品中出镜率极高的时间旅行也牵动着科学家们的思绪。但是，大部分科学家认为，时间旅行不能回到过去，即使真的能回到过去，也无法改变过去发生的事情。科学家们通过**时间悖论**来论证了这个观点，其中最有名的就是祖父悖论和咖啡悖论。

祖父悖论是指，如果小远乘坐时光穿梭机回到过去，杀死了自己还没有结婚的祖父，那么小远的父亲就不会出生，小远也就不会出生。如果小远不出生，那他就无法回到过去杀死自己的祖父。

咖啡悖论是指，如果小远喝下了一杯有毒的咖啡，一小时后小远毒发。于是小远给过去的自己发了条消息，告诉过去的自己咖啡有毒，不要喝。如果过去的小远看到消息后没有喝咖啡，那一小时后的小远就不会毒发，从而也就不会知道咖啡有毒，继而不会发出那条消息。

时间悖论是以人们已经可以随心所欲地掌控时间为必要前提的，这些悖论的存在，确实让我们不得不为时间旅行打个问号。

延伸思考

为了解决时间悖论的问题，科学家们提出了很多设想。其中最有名的就是“平行宇宙”假说。科学家们猜想，在宇宙之外，还可能存在着与我们认

知的这个宇宙相似的宇宙，这些相似的宇宙被统称为“平行宇宙”。所有宇宙被统称为“多元宇宙”。

就像两条平行的直线永远不会相交一样，平行宇宙之间也互不影响。平行宇宙和我们现在生活的宇宙既相似又不同，那里可能也有一个美丽的地球，地球上也有和我们一样的自己，但那里的事态发展可能会有不同的结果。科学家们认为，如果我们回到过去，改变了过去，那我们很有可能只是进入了一个平行宇宙，按照那里的事态发展，继续自己的轨迹。

Part 4

第四部分

身边的量子技术

12. 量子如何为我们保守秘密

小唐最近迷上了研究“密码”，他和同学小李约定，以一本书的页码、字的行列作为编码传递信息，这本书就成了他们俩的“密钥”（用来加密、解密的工具）。比如，小唐给小李发了个“35-12-6”的密码，小李就会把书翻到第35页，找到第12行第6个字，这个字就是小唐要说的信息。当然，小李要回信息，也可以把书上相应位置的汉字编成密码，再发给小李。用这种方法，他们互相交流了不少小秘密，其他同学即使看到了密码，也不知道他们在说什么，这让他们俩觉得特别开心。

可惜好景不长，小唐的同桌在无意间发现了那本“密钥”书，很快就破解了小唐的密码。小唐知道后非常生气，但又没有办法解决。

小唐无奈地想：用什么办法才能真正保护好自己的秘密，让别人无论如何都无法破解密码呢？

知识点

了解“量子密码”

为了让自己传送的信息不被发现，人们会像小唐这样对信息进行“加密”，等到对方接收到信息后借助特定的“密钥”解密。比如，小学生文文的手机开机密码是 123456，她设置了一个数字密钥“+2”，这样加密后的密码就是 345678。如果别人只知道 345678 这条信息，却不知道

密钥，是无法开机的。信息加密的方法多种多样，可不管是用数字、文字还是用别的方法来加密，都有一定的缺点，那就是别人获得了密钥后，就可以按照一定的数学算法破解密码、截获信息。特别是随着超级计算机的出现，再复杂的“密钥”都有可能被破解。

然而，有一种密码是不能被数学破解的，那就是**量子密码**。量子密码的“密钥”是量子的状态，如果别人试图破解，量子的状态就会立刻发生改变，这时候被截获的就是一堆没有意义的随机数。收发信息的双方也会知道正在有人试图破解密钥，并立即选择用更加安全的渠道传递信息。假设有人想要动用全世界最先进的计算资源来破解密钥，那么他们要用的时间甚至比宇宙的寿命还长，所以量子密码就成了“绝对安全”的密码。

延伸思考

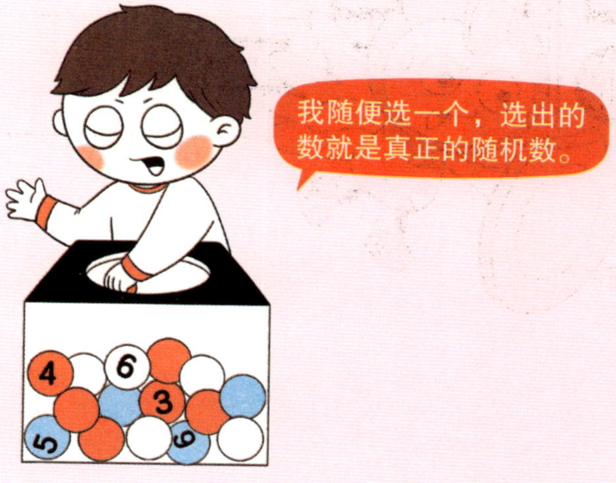

量子密码之所以这么安全，是因为它能够产生真正的“随机数”。对于随机数，大家一定不会觉得陌生，在我们掷骰子时，1 ~ 6 这些数字会随机出现；抛硬币时，正反两面也会

随机出现，它们都属于随机数。而计算机通过算法产生的数字也被人们称为“随机数”，可事实上，这种随机数本质上是可以预测的，所以是一种“伪随机数”。

量子密码就不一样了，它利用了量子态的叠加性，一旦有人去测量它，量子态就会随机“坍缩”到一个确定的态，这种坍缩才是真正的随机，用任何办法都无法预测。科学家也已经证明，通过叠加的量子态产生的随机数是绝对不会被重复的，所以在传递非常重要的保密信息时，利用量子密码才会更安全。

13. “墨子号”的星际首航

阿志放学回家，习惯性地从楼下的报箱中拿出今天的报纸。展开一看，头条上醒目地写着：“墨子号”地表量子态传输再创新高！

“墨子号”是什么？量子态传输又是什么？阿志一头雾水，进了家门，就立刻打开电脑搜索起来。不看不知道，一看吓一跳。原来，“墨子号”是我国在 2016 年 8 月 16 日成功发射的世界上首颗空间量子科学实验卫星。“墨子号”开启星际首航，意味着我国量子通信技术取得了飞跃性的进展，也意味着离实现全球范围量子通信的目标更近了一步。如今，“墨子号”已经实现了地球上相距 1200 千米的两个地面站之间的量子态传输，刷新了世界纪录。

“真是太神奇了！原来量子技术也可以运用在通信方面，我们的国家真厉害，掌握着这么先进的技术！”阿志看完有关“墨子号”的介绍，心中充满了自豪。

知识点

量子通信卫星

大名鼎鼎的“墨子号”其实是一颗**量子通信卫星**。量子通信卫星是通过卫星，连接地面上的量子通信网络，以实现天地一体的量子通信。随着社会的不断发展，信息安全的重要性越来越凸显。传统的通信方式主要依靠电磁波进行信息传输，而电磁波一旦在传输途中被窃取、破译，收发信息的双方都无从知晓，因此存在极大的泄密隐患。**量子通信应用了量子纠缠的原理**，其最大的优势就是高安全性和高效率性。掌握前沿量子通信技术，对于国防安全、网络安全、经济安全等都具有极其重要的意义。

延伸思考

我们已经知道量子纠缠并不携带信息，那么，量子通信是怎么实现量子纠缠原理的利用呢？其实，量子通信并不是利用量子纠缠来传递信息的，而是利用量子纠缠对信息进行加密的。

科学家们首先制造出两个互相纠缠的粒子，将其中一个粒子 A 留在发送者手中，另一个粒子 B 放在接收者手中。接着，发送者对粒子 A 进行一系列测量，由于粒子具有测量坍缩的性质，所以发送者的行为会使粒子 A 发生一系列改变，与此同时，与之纠缠的粒子 B 也会发生相应的改变。测量完成后，发送者将自己所做的测量操作通过经典通道传递给接收者，之后接收者对手中的粒子 B 进行逆操作，就能知道最初在发送者手中的粒子 A 是什么状态，从而获取这一状态代表的信息。这对粒子来说就相当于信息的密钥。在这个过程中，如果有人试图观测粒子 A 和粒子 B，粒子就会发生改变，引起坍缩。窃密者窃取的信息由于被干扰已经破坏，不再是原有信息了。同时，发送者和接收者会知道有人窥测，从而放弃这对密钥。